Heinz Eder
Mehr Leistung mit dem Hand-Launch-Glider
Technik, Taktik und Tuning von RC-Wurfseglern

W0190096

Fachbücher von

Hier eine kleine Auswahl aus unserem umfangreichen Buch-
programm. - Fordern Sie kostenlos unseren Buchprospekt an!

Best.-Nr.	Autor	Titel	VK-Preis
FB 2012	Simons, Martin	Flugmodell-Aerodynamik	32,00 DM
FB 2015	Hausner, Helmut	Mein erstes RC-Flugmodell	28,00 DM
FB 2021	Schulz, Manfred (Hrsg.)	Tips für den Flugmodellbau, Band 2	18,00 DM
FB 2026	Unverferth, Hans-Jürgen (Hrsg.)	Faszination Nurflügel	29,50 DM
FB 2029	Westerteicher, Klaus	Computer-Fernsteuerungen im Vergleich	24,00 DM
FB 2030	Bernet, Ernst	Der RC-Hubschrauber	32,00 DM
FB 2031	Thomas, David	Flugmodelle aus Styropor und Roofmate	32,00 DM
FB 2033	Frings, Werner	Modell-Motorenpraxis	36,00 DM
FB 2035	Miel, Dr. Günter	Ferngesteuerte Trainermodelle	36,00 DM
FB 2044	Lisken M. und Gerber U.	Das Thermikbuch für Modellflieger	42,00 DM
FB 2049	Schlumberger, Thomas	Ferngesteuerte Kleinsegler	24,00 DM
FB 2052	Wimmer, Josef	Experimentalmodelle	28,00 DM
FB 2054	Kolbe, Manfred	Gundlagen f.d.Konstruk. von Segelflugmodellen	24,00 DM
FB 2055	Jahnke, Klaus-Dieter	Ferngesteuerte Heißluftballone	28,00 DM
FB 2058	Juhrig, Mark	Modellflugzeugschlepp	36,00 DM
FB 2061	Juras, Dirk	Getriebe im Elektro-Motorflug	26,00 DM
FB 2064	Erdmann, Kai	Thermiksegelflug F3J	34,00 DM
FB 2066	Lohr, Klaus	Große Modellmotoren	32,00 DM
FB 2069	Schulte, Hinrik	Der erfolgreiche Einstieg in den RC-Elektroflug	22,00 DM
FB 2071	Kamps, Thomas	Modellstrahltriebwerke	28,00 DM
FB 2073	Boddington, David	Vorbildgetreue RC-Großflugmodelle	42,00 DM
MTB 1/2	Thies, Werner u. M. Hepperle	Eppler-Profile	25,00 DM
MTB 5	Schwartz, Frank (Hrsg.)	203 erprobte und bewährte Tips	18,00 DM
MTB 6	Carl, Rüdiger	Der 4-Takt-Modell-Motor	18,00 DM
MTB 7	Quabeck, Helmut	HQ-Profile	18,00 DM
MTB 9	Meyer, Helmut	Elektro-Segelflugmodelle	28,00 DM
MTB 14	Steenbuck, U. u. C. Baron	Moderner Tragflächenbau	25,00 DM
MTB 17	Bender, Hans-Walter (Hrsg.)	Modellflug-Profilesammlung	28,00 DM
MTB 20	Schreckling, Kurt	Strahlturbine für Flugmodelle im Selbstbau	30,00 DM
MTB 23	Bender, Hans-Walter	Leistungsprofile für den Modellflug	36,00 DM
MBR 4	Lamprecht, Egon	Flugmodelle selbstgebaut	12,80 DM
MBR 12	Meyer, Helmut	Experten-Tips Elektroflug	14,80 DM
FM 1	Boddington, David	Flugmodelle nach Bauplan - selbstgebaut	19,50 DM
FM 2	Gardiner, Charles	Scale-Segler - gut vorbereitet fliegen	19,50 DM
FM 3	Peacock, Ian	Folienfinish für Flugmodelle	19,50 DM
FM 4	Day, Dave	RC-Hubschrauber - richtig abgestimmt fliegen	19,50 DM
FM 5	Boddington, David	RC-Motormodelle - fliegen lernen	19,50 DM
FM 6	Smoothy, Peter	RC-Einbau in Flugmodelle	19,50 DM
FM 7	Winch, Brian u. David Boddington	Motoren für Flugmodelle	19,50 DM
FM 8	Day, Dave	Flugschule für RC-Hubschrauber-Piloten	19,50 DM
FM 9	Holland, Peter	Formenbau und Glasfasertechnik für Flugmodelle	19,50 DM
FM 11	James, David	Der Antrieb im Impellerflugmodell	19,50 DM
FM 12	Winch, Brian	Viertaktmodellmotoren im Betrieb	19,50 DM

und außerdem:

FB 2037	Wallroth, Tilman	Drehen und Fräsen im Modellbau	68,00 DM
FB 2048	Baxmeier, Jens	Lenkdrachen	24,00 DM
FB 2070	Wallroth, Tilman	Drehmaschinenpraxis für Modellbauer	38,00 DM
MTB 22	Fietz, Ingo	Drehzahlsteuerung im Modellbau	30,00 DM
MBR 2	Wolken-Möhlmann, Helmut	Der Akku im Modellbau	14,80 DM
MBR 9	Wallroth, Tilman	Werkzeuge für den Modellbau	17,80 DM
MBR 11	Wallroth, Tilman	Modellbau-Werkstattpraxis	17,80 DM
MBR 13	Schmitz, Eckehard	Selbstbau-Fernsteuerempfänger	12,80 DM
SB 1	Nowak, Günter	Kiting Cartoons	19,50 DM

Mehr Leistung mit dem Hand-Launch-Glider

Technik, Taktik und Tuning von
RC-Wurfseglern

Heinz Eder

Verlag für Technik und Handwerk
Baden-Baden

 **Fachbuch**

Best.-Nr.: FB 2079

Redaktion: Alfred Kirst

Die Deutsche Bibliothek – CIP-Einheitsaufnahme

Eder, Heinz:
Mehr Leistung mit dem Hand-Launch-Glider : Technik, Taktik
und Tuning von RC-Wurfseglern / Heinz Eder. - 1. Aufl. -
Baden-Baden : Verl. für Technik und Handwerk, 1996
(vth-Fachbuch)
ISBN 3-88180-079-4

ISBN 3-88180-079-4

© 1. Auflage 1996 by Verlag für Technik und Handwerk
Postfach 2274, 76492 Baden-Baden

Alle Rechte, besonders das der Übersetzung, vorbehalten. Nachdruck und
Vervielfältigung von Text und Abbildungen, auch auszugsweise, nur mit
ausdrücklicher Genehmigung des Verlages.

Printed in Germany
Druck: Offset-Druckerei Peter Naber, Hügelsheim

Inhaltsverzeichnis

Vorwort

Wurfsegler oder Hand-Launch-Glider haben sich wegen ihrer Kompaktheit, Sportlichkeit und Einfachheit im Modellflug inzwischen allgemein etabliert, und das HLG-Fieber hat allerorten zugenommen! Das ist kein Wunder, denn Spaß, Sportlichkeit und umweltfreundliches Modellfliegen sind beim HLG-Sport vereint.

Allein in Deutschland findet derzeit jährlich ein rundes Dutzend HLG-Wettbwerbe statt. Das HLG-Wettbewerbsfliegen sollte dabei tunlichst eine Klasse für Spaß und Freude am Fliegen bleiben und nicht „überreglementiert" werden. Mit der Rahmenbedingung „1,5 m Spannweite und maximal zwei Servos" ist vom Modell her alles geregelt, was zu regeln ist.

Die Modellentwicklung ging in letzter Zeit weiter: Zahlreiche technische Neuerungen machen die Leistungsmodelle heute leichter, filigraner und taktisch ausgefeilter. Neue Profile wurden erprobt und eingeführt. Dies und die Vielzahl neuer Modelle machten eine so gründliche Überarbeitung meines Buches „RC-Wurfsegler" (FB 2047) erforderlich, daß ein völlig neues Werk herauskam.

Die vorliegende Abhandlung soll dem Durchschnitts-Modellflieger einen erfolgreichen Einstieg in das Wettbewerbsfliegen in der HLG-Klasse ermöglichen und den Weg für Eigenkonstruktionen erschließen, was durch viele Hinweise auf Literatur und Bezugsquellen im Anhang erleichtert wird.

Der Inhalt beschäftigt sich schwerpunktmäßig mit den Grundlagen für Flug- und Wurftechnik, Konstruktion und Auslegung des Modells sowie Optimierung der Flugleistung. Ein Kernstück bildet das Optimierungsprogramm „Tricep", das die grundsätzlichen Tendenzen für die Optimierung der Auslegung aufzeigt und dessen Ergebnisse in Kurzform dargestellt werden. Darüber hinaus wurden die Daten und Kurzpläne zahlreicher neuer Eigenkonstruktionen sowie neuerer Bausatzmodelle zusammengestellt.

Ich widme dieses Buch meinen Modellflugfreunden, bei denen ich mich für die vielen Anregungen und Hilfestellungen bedanke.

Dr. Heinz Eder
München, im März 1996

*Cartoon von
Heiko
Rapp-Wurm*

HLG - STARTSTELLE

Der Hand-Launch-Glider: Leistungssegler und Sportgerät in einem

HLG – die Wiedergeburt einer Idee

Die allgemeine Tendenz im Modellflug geht einerseits zu sehr großen, andererseits zunehmend zu immer kleineren Modellen. Die schnelle Entwicklung der SMD-Technik und der somit stark verkleinerten RC-Komponenten hat dies möglich gemacht. Hinzu kam die Erkenntnis, daß kleine Segler, mit entsprechenden Profilen ausgerüstet, Großmodellen nicht nur hinsichtlich der Bruchfestigkeit, sondern auch hinsichtlich der Flugeigenschaften oft überlegen sind.

Ein 250-g-Modell braucht eben nur einen Hauch von Thermik, um oben zu bleiben. Handtaschenflieger, die leicht zu transportieren und fast überall zu fliegen sind, haben daher einen ungeahnten Siegeszug angetreten. Es bot sich förmlich an, diese Fliegerchen mal kräftig zu werfen, und da manche nicht wieder nach unten wollten, war eine glänzende Idee geboren: der Hand-Launch-Glider (HLG), zu deutsch: Wurfsegler.

Alles das gab es im Prinzip schon einmal, nämlich in der Freiflugszene der fünfziger und sechziger Jahre: Vollbalsa-Wurfgleiter mit 25 g Fluggewicht bei ca. 50 cm Spannweite. Und erstaunlicherweise waren auch die Leistungen (sprich reine Flugzeit) der Freiflug-HLGs – obwohl in Größe und Gewicht völlig unterschiedlich – fast identisch mit denen der heutigen RC-HLGs. Verbessert hat sich jedoch die Reichweite: Ein RC-HLG fliegt doppelt so schnell und kann deshalb die doppelte Strecke auf Thermik durchsuchen. Die RC-HLG-Klasse ist bislang offenbar nur in den amerikanischen „AMA"-Regeln dokumentiert, und zwar unter Punkt 3.1.1. Class A – „Hand-Launch-Glider-Sailplanes, projected span limited to 1,5 m or less". Die Spannweitenbegrenzung auf 1,5 m stellt also derzeit die einzige Limitierung bzw. Bestimmung für den Wurfsegler dar. Diese Regel wird auch bei uns in Europa angewandt. Eine weitergehende Reglementierung – etwa durch die FAI – ist bislang noch nicht erfolgt.

Als allgemein akzeptiertes Kriterium gilt, daß maximal zwei Servos eingesetzt werden. Damit sind die Einfachheit gewährleistet und einer technisch ausufernden Entwicklung Grenzen gesetzt.

In den Wettbewerbsausschreibungen werden von Fall zu Fall bestimmte Einschränkungen getroffen, z.B.: Maximalgewicht 600 g, Mindestflächenbelastung 12 g/dm^2 usw. Diese Einschränkungen sind weitgehend überflüssig, da vom Entwicklungsoptimum stark abweichende Auslegungen auf Wettbewerben kaum Chancen haben.

Nach der derzeitigen Mehrheitsmeinung sollte das HLG-Wettbewerbsfliegen möglichst eine Klasse bleiben, die Spaß und Freude am Fliegen fördert und nicht überreglementiert wird.

Auch Newcomer fühlen sich in dieser Atmosphäre wohl und werden nicht gleich von Anfang an mit Technik überfrachtet.

Typisches HLG-Wettbewerbsmodell

Typische Daten eines RC-Hand-Launch-Gliders	
Spannweite:	140–150 cm
Tragflächeninhalt:	22–26 dm²
Streckung:	8–10
Profilwölbung:	2,5–3,5 %
Profildicke:	8 %
Flugmasse:	250–350 g
Flächenbelastung:	ca. 12 g/dm²
Sinkgeschwindigkeit:	32–35 cm/s
Gleitzahl:	ca. 16

Zielsetzung und Einsatzbereich der RC-HLGs

Einstieg in das Thermikfliegen – besser mit dem HLG!

Viele Modellflieger sind der Meinung „je größer, desto besser". Die Folge ist, daß der Einstieg in den Modellflug mit Großmodellen versucht wird. Diese Tendenz ist nicht nur falsch, sondern für alle Beteiligten – einschließlich Modellbauindustrie – schädlich!

Großmodelle haben wegen ihrer großen Masse ein völlig anderes Flugverhalten. Steuerungsfehler sind bei weitem nicht so schnell zu korrigieren wie beim Kleinsegler und können fatale Folgen haben. Darüber hinaus kann das Gefühl für kleinräumige bodennahe Aufwinde mit dem Großmodell kaum erworben werden. Der HLG ist dagegen wegen seiner kleinen Massenträgheitsmomente weitgehend bruchsicher und eigenstabil um alle Achsen, d.h., man kann ein richtig getrimmtes Modell sich selbst überlassen und die Reaktionen auf Störungen beobachten, ohne immer selbst eingreifen zu müssen. Ich behaupte, das richtige Gefühl für das Thermikfliegen ist ausschließlich mit dem HLG zu erwerben! Desgleichen verbreitet ist der Irrtum, daß man ohne Elektromotor nicht oben bleiben kann. Wir haben x-mal die Frage gestellt bekommen: „Wo ist denn Ihr Motor?" Antwort: Wer das HLG-Fliegen beherrscht, kann jeden Motor getrost vergessen! Unser Motor ist die Sonnenenergie, nämlich Thermik- und Wasserdampfblasen. Insofern liegen wir mit den Solarfliegern auf gleicher Linie, nur mit wesentlich weniger Aufwand.

Jugendarbeit mit dem HLG – „Action" ist Trumpf

Wegen des geringen Materialaufwandes und der Sportlichkeit eignet sich der Wurfsegler besonders für unsere Jugend, die ja in dieser Zeit häufig an „Computerlastigkeit" und Bewegungsmangel leidet. Der HLG läßt sich leicht mit dem Fahrrad zum nächsten Fluggelände transportieren – und schon kann die Thermikjagd beginnen. Technik, körperliche Aktivität und Erlebnis sind beim HLG-Fliegen in idealer Weise miteinander verknüpft.

Gerade hier bietet sich ein konsequenter und stufenweise aufbauender Einstieg in den Modellflug ohne die vorprogrammierten Enttäuschungen durch das motorisierte Großmodell. Modellbauhändler und -industrie sollten endlich einsehen, daß nur dies der richtige Weg zu einem dauerhaft – meist lebenslang – ausgeübten Hobby ist!

Dankenswerterweise haben sich HLG-Wettbewerbspiloten wie Werner Stark, Linz, sehr engagiert, um einfache, funktionssichere und zugleich leistungsfähige Bausatzmodelle für jedermann preiswert anzubieten.

Mit dem HLG kann in der Nähe von Wohngebieten geflogen werden, wobei sich meist sofort interessierte Jugendliche einfinden. In einer kleinen Gruppe macht die HLG-Fliegerei erheblich mehr Spaß. Mit kleinen Vergleichsfliegen, Wettbewerben oder Geschicklichkeitsaufgaben wird der Anreiz für den Bau von Eigenkonstruktionen erhöht.

Jugend und Hand-Launch-Glider – hier tut sich was!

Hat man erst eine Kristallisationzelle geschaffen, ist die Hauptarbeit geleistet. Jeder, der in dieser Weise Jugendarbeit fördert, schafft damit ein Kontrastprogramm gegen Langeweile, Kriminalität und Drogen, was gesellschaftlich gar nicht hoch genug bewertet werden kann.

Einfacher geht's nicht –
aus der Hand in die Thermik

Das HLG-Fliegen basiert auf natürlichen Kräften: Wurfstart und thermischer Aufwind.

Das erklärte Ziel des Wurfgleiter-Piloten ist es, sein Fluggerät mittels Handstart direkt in die Thermik zu bringen. Dies mag manchem RC-Seglerpiloten sehr unglaubwürdig erscheinen. Wer jedoch einmal einen HLG-Wettbewerb besucht hat, wird eines Besseren belehrt. Die Leistungen guter HLGs sind ganz einfach frappierend. Selbst bei schwachem Thermikwetter gelingen vielfach noch mehrminütige Flüge aus der Hand. Das gilt jedoch nur für den erfahrenen Wurfsegler-Piloten. Für alle anderen heißt es „üben, üben, üben".

Bei guten Thermikbedingungen im Frühling und Sommer kann man davon ausgehen, daß jeder dritte bis vierte Start Thermikanschluß hat. Hier wird sichtbar, welche enorme Leistung in diesen Mini-Fliegern steckt. Selbst kleinste Thermikfetzen können – bei entsprechendem Geschick des Piloten – ausgekurbelt werden. Große Modelle haben hier vergleichsweise keine Chance – sie fliegen durch bodennahe Thermik meist hindurch, ohne daß der Pilot etwas davon bemerkt. Großmodell-Piloten müssen sich oft richtig „verballhornt" vorkommen, wenn ihre Modelle am Boden bleiben und die „Kleinen" sich munter in den Lüften tummeln. „So etwas muß ich mir auch bauen", lautet der stereotype Kommentar, und das nächste Mal sind sie wieder mit ihren schweren Kisten da!

Damit kein Mißverständnis aufkommt: Auch große Modelle haben ihre Berechtigung, etwa bei „Hammerwetter" oder stärkerem Wind. Nur ist es erwiesenermaßen an der überwiegenden Zahl der Tage in der Flugsaison schwach windig. Der Wurfsegler läßt sich trefflich auch am Hang einsetzen, wenn geringer Wind und leichte Thermik vorherrschen. Durch den Wurfstart gewinnt man 15–18 m zusätzlich an Ausgangshöhe und kommt damit meist in eine laminare und besser tragende Luftschicht. Selbst kleine Hänge wie Bahndämme und Bodenwellen reichen für einen Segelflug aus. Einmal gelang es dem Autor sogar, die Aufwindwelle entlang der Kante eines Getreidefeldes durch weiches Hin- und Herdriften auszunutzen. Die diesbezüglich einmaligen Fähigkeiten dieser Fluggeräte sprechen übrigens sehr dafür, vom „Wurfsegler" und nicht vom „Wurfgleiter" zu sprechen.

Katapultstart, Wurfgabel, Windenstart

Der Wurfsegler läßt sich vortrefflich auch mit einer Gummiseil-Hochstarteinrichtung hochstarten. Ein 6-mm-Gummischlauch mit linearem Dehnungsverhalten, am besten aus Naturkautschuk (Bezug z.B. über Modellflugbedarf Höllein, siehe Anhang), ist hierfür gut geeignet. Bei Wettbewerben wird gelegentlich eine Bungee-Einrichtung, bestehend aus 5 m Schlauchgummi und 10–15 m Schnur, verwendet. Hiermit lassen sich Höhen bis 50 m herausholen.

Fallschirme sollten wegen des hohen Widerstandes nicht verwendet werden. Zur Auffindung des Schnurendes genügt ein ca. 20 cm langer Wimpel.

Wichtig ist die Lage des Hochstarthakens: Bei dem relativ starken Zug darf der Haken nicht zu weit hinten sitzen. Günstig ist eine Lage von 20 bis 25° vor dem Schwerpunkt. Man sollte das Modell eher flach beschleunigen lassen und die Geschwindigkeit nach F3B-Manier durch Ziehen des Höhenruders anschließend in Höhe umsetzen.

Bei der Benutzung einer Gummi-Katapultcinrichtung mit stärkerem Gummi (je nach Festigkeit des Modells bis 10 mm Schlauchgummi) sollte noch ein weiterer Haken unter der Flügelvorderkante oder etwas davor angebracht

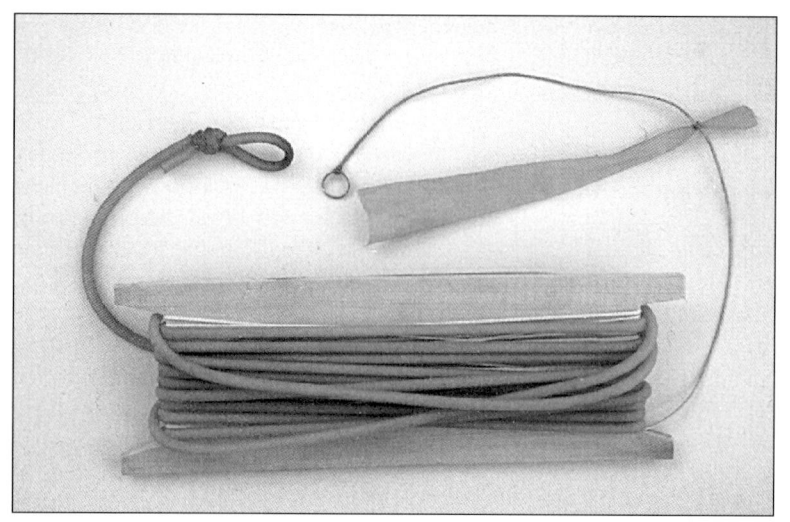

HLG-Katapult aus 5 m Natur-kautschuk-schlauch (6 mm Durchmesser) und 10 m Leine

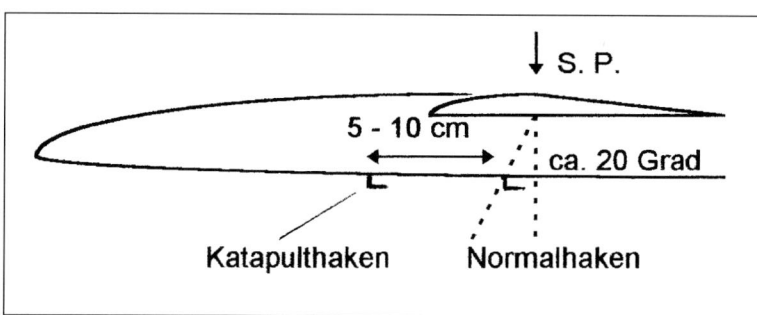

↓ S. P.

5 - 10 cm

ca. 20 Grad

Katapulthaken   Normalhaken

Bei Katapult-starts mit kräfti-gem Gummi muß ein zusätzli-cher Haken vor dem Normalha-ken angebracht werden.

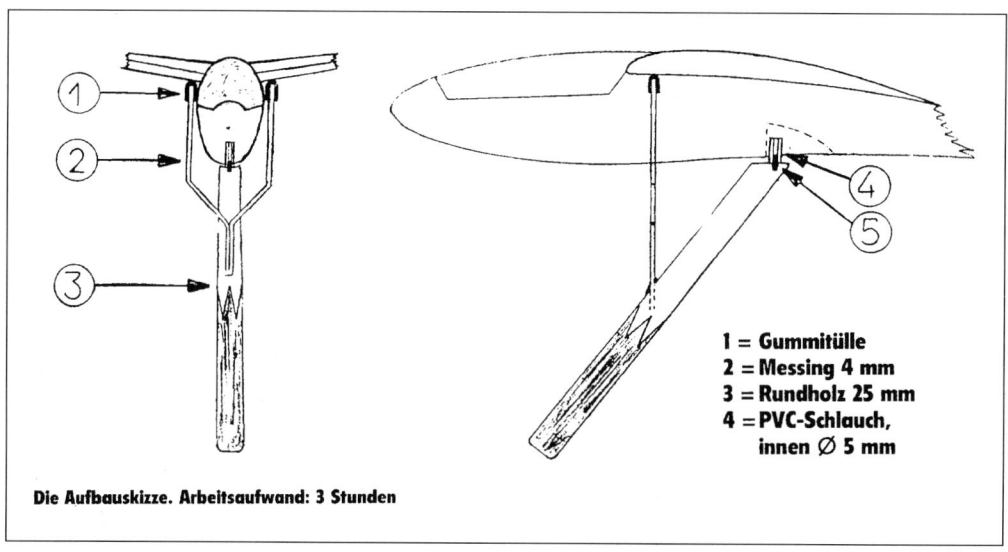

1 = Gummitülle
2 = Messing 4 mm
3 = Rundholz 25 mm
4 = PVC-Schlauch,
   innen Ø 5 mm

Die Aufbauskizze. Arbeitsaufwand: 3 Stunden

Schleudergabel für HLGs zur Verlängerung des Wurfarmes

werden. Ausgangshöhen von 100 m und mehr sind mit einem solchen Katapult erreichbar. Dies wurde beim HLG Bungee-Cup Stuttgart im Juli 1995 eindrucksvoll von einem Teilnehmer aus der Schweiz demonstriert. Voraussetzung hierfür ist ein relativ kleines, sehr fest und torsionssteif gebautes Modell.

Sollte das Modell beim Katapultstart ausbrechen, ist ein Flächenverzug wahrscheinlich, oder die Tragfläche ist zu weich, d.h. zu wenig torsionssteif. Ein verzugsfreies Modell mit richtiger Lage des Hakens steigt schnurgerade!

S. Ahlert hat in FMT 7/93 eine Wurfgabel für HLGs vorgestellt, die als Armverlängerung dient und die Abwurfgeschwindigkeit erhöhen soll. Einschlägige Erfahrungen hierzu liegen jedoch leider nicht vor.

Auch kleine Winden, die z.B. mit einem Speed-600-Motor (eventuell mit Getriebe) angetrieben werden, hat man mit Erfolg eingesetzt.

Stabil gebaute HLGs kann man auch an eine übliche Hochstart-Einrichtung für Segelflugmodelle mit ca. 30 m Schlauchgummi (8 mm Durchmesser) und 100–150 m Seil (vorzugsweise 0,7 mm Dicke) hängen. Hiermit lassen sich Ausgangshöhen von 150 m und mehr erreichen.

Elektroversion –
ja, aber bitte so leicht wie möglich!

Für die Elektroversion des Wurfgleiters verwendet man in der Regel Motoren der Klasse Speed 400 mit Direktantrieb sowie auch kleinere Samarium-Cobalt-Hochleistungsmotoren wie den Kyosho DMC-20 BB mit Getrieben bis 14:1 („Bienchen"-Antrieb von M. Groß) und sechs Zellen von 250 bis 500 mAh Kapazität. Wegen des höheren Fluggewichtes von ca. 500 bis 600 g und des Zusatzwiderstandes durch die Luftschraube leiden häufig die Gleitflugleistungen, so daß diese Konfiguration am eigentlichen Ziel der HLG-Klasse doch etwas vorbeigeht. Für reine Hobby-Genußflieger kann die Elektroversion aber auch eine interessante Alternative zum „zellenfressenden" Großsegler sein.

Etliche HLG-Leistungsmodelle werden in Elektroversion angeboten, z.T. mit speziellen, verbreiterten Rümpfen. Auch das Rumpfvorderteil wird gelegentlich gegen eine Elektroeinheit mit Motor, Luftschraube, Zellen und Regler ausgetauscht, wie z.B. bei Stefan Dolchs „Suppenkasper" (siehe auch Kapitel „Bewährte Modelle").

Bei extrem leichten High-Tech-Bauweisen, wie sie in diesem Buch beschrieben werden,

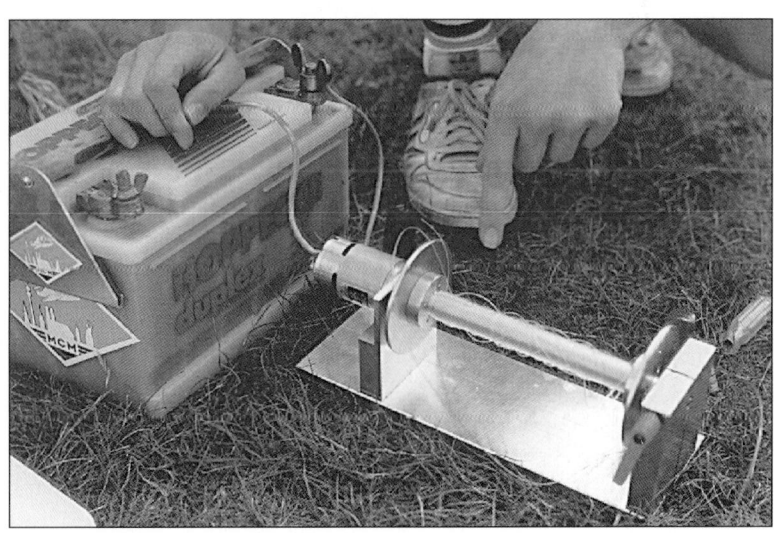

HLG-Elektrowinde mit Speed-600-Antrieb

Elektroversion des „Suppenkasper" von Stefan Dolch mit „Bienchen"-Antrieb von M. Groß, Getriebe 14:1, Propeller Mosquito 385×400 (E. Schöberl), sechs Zellen N-500 AR in Reihenanordnung im CFK-Rohr mit 20,6 mm Durchmesser, Flugmasse 405 g, Flugzeit 45–60 Minuten ohne Thermik.

sind 450 g für einen Elektro-HLG durchaus erreichbar. Die guten Segelflugeigenschaften bleiben dann weitgehend erhalten. Flugzeiten von 45 bis 60 Minuten bei ruhiger Luft wurden mit diesen Elektro-Leichtgewichten bereits erreicht.

Ab in die Kiste – Transport kein Problem!

Als Vorteil muß unbedingt die leichte Transportfähigkeit des Wurfseglers erwähnt werden. Ob auf der Hutablage des Autos, im Rucksack oder in der Fahrradpacktasche, der HLG findet immer Platz und ist bei allen Ausflügen dabei – man könnte ja zufällig ein schönes Gelände entdecken!

Die Begründung zur zwanghaften Benutzung des Autos mit den heute überdeutlich sichtbaren Nachteilen (Staus, Umweltbelastung) entfällt jedenfalls bei den Wurfseglern. Warum nicht mal mit dem ICE zum Wettbewerb fahren? Für das letzte Stück Weg vom Bahnhof zum Fluggelände finden sich meist hilfsbereite Autobesitzer am Ort.

Genauso gering wie sein Platzbedarf beim Transport ist auch der Geländebedarf zum Fliegen. Eine Wiese von der Größe eines Fußballplatzes mit etwas Umfeld reicht bereits für

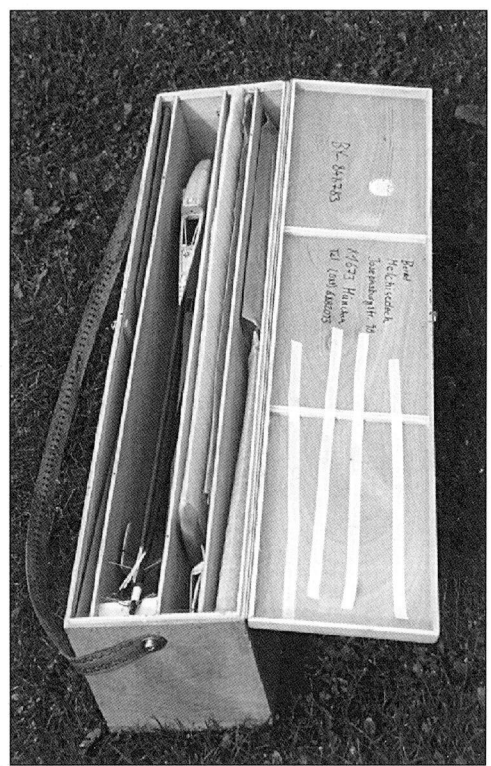

Praktische Transportkiste für mehrere HLG-Modelle

Probestarts aus. In den USA wurden Wettbewerbe übrigens schon in Sportstadien geflogen!

Eine Transportkiste kann leicht aus dünnem Sperrholz oder Styropor aufgebaut werden und nimmt bei 70–85 cm Länge bis zu drei Modelle auf.

Wettbewerbe

Der HLG-Segler ist, obwohl er sich auch ideal für das „Sonntagsfliegen" eignet, ein prädestiniertes Wettbewerbsinstrument. „Heiße Geräte" sind bei Wettbewerben im Nu umlagert und werden kritisch begutachtet. Bei Thermikwetter gibt es oft Massenstarts, wenn ein Modell das Nahen einer Blase anzeigt. Sekunden später tummelt sich dann eine ganze Rotte von Modellen im Bart.

Den heutigen hohen Entwicklungsstand haben wir hauptsächlich Wettbewerben zu verdanken, die nach dem Prinzip „Mutation und Selektion" arbeiten. Bewährt sich ein Modell unter den harten Bedingungen nicht, wird es verworfen (aber nicht in die Luft) und eine neues, besseres Konzept versucht.

Wettbewerbsregeln – man sollte es nicht zu eng sehen!

Da die HLGs nicht als offizielle Modellflugklasse definiert sind, existieren derzeit keine festgeschriebenen Regeln. Diese sind von Veranstalter zu Veranstalter etwas unterschiedlich und individuell gestaltet. HLG-Wettbewerbe sollten einen gewissen Kontrast zur Überreglementierung anderer Klassen darstellen und, wie schon betont, in erster Linie den Spaß am Fliegen und die Kameradschaft fördern.

Die nachfolgenden Basisregeln haben sich bei Wettbewerben allgemein etabliert.

Die individuellen Flugaufgaben (Auswahl)
30-Sekunden-Regel

Bei den erreichten Flugzeiten wird immer nur ein ganzzahliges Vielfaches von 30 s gewertet. Das heißt, Flüge unter 30 s erhalten eine Nullwertung. Flüge zwischen 30 und 60 s werden mit 30 s gewertet usw.

Diese Wertung soll vor allem die taktische Komponente herausstellen, d.h., der Pilot muß immer entscheiden, ob er den Flug abbricht oder die nächste halbe Minute noch anvisiert. Gerade für Jugendliche oder schwächere Wer-

Bei Wettbewerben werden wichtige Informationen ausgetauscht und neue Ideen geboren.

Ein Pulk von HLG-Modellen in der Thermik

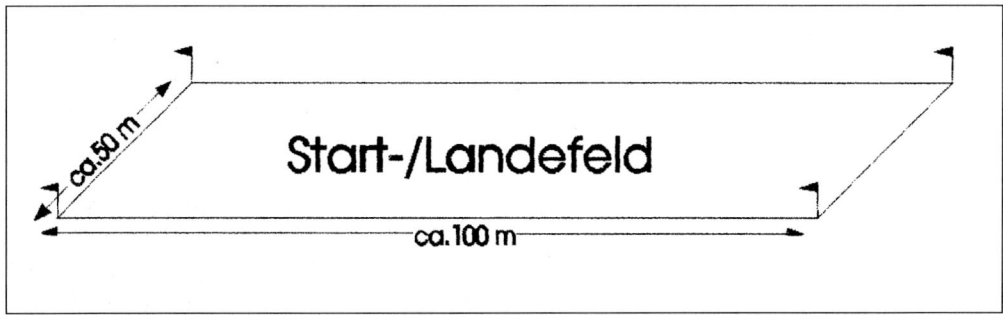

Starts und Landungen müssen bei HLG-Wettbewerben in einem abgegrenzten Feld erfolgen.

fer ist diese Wertung von Nachteil, insbesondere wenn ein Modell die 30-s-Marke nicht ohne weiteres übertrifft.

Minimale Bodenzeit

Es zählt die gesamte Flugzeit innerhalb der Rahmenzeit. Dabei können beliebig viele Starts gemacht werden. Das Modell muß sich allerdings zum Ende der Rahmenzeit wieder auf dem Boden befinden, sonst wird der letzte Flug nicht gewertet (s.o.). Belohnt wird hier zielgenaues Landen (möglichst Auffangen des Modells direkt aus der Luft und sofortiges Durchstarten).

Drei Maximalflüge

Es wird eine Maximalzeit vorgegeben (z.B. 150 s), die während der Rahmenzeit maximal

Grundregeln für Wettbewerbe

Anforderungen an das Modell:
- maximale Spannweite 1,5 m
- maximal zwei Servos
- maximale Flugmasse 500 g (aus Sicherheitsgründen)

Anforderungen an das Fluggelände:
- hindernisfreies, ebenes Gelände mit kurzem Grasbewuchs und gut sichtbaren Abgrenzungen, ca. 50×100 m Größe
- weitgehend hindernisfreies Umfeld

Flugaufgaben:
Es werden drei bis fünf Flugaufgaben gestellt. Die Rahmenzeit pro Flugaufgabe beträgt in der Regel 10 Minuten. Die Teilnehmer werden in Gruppen eingeteilt, wobei sich die Zusammensetzung der Gruppen von Aufgabe zu Aufgabe ändert, so daß eine optimale Durchmischung der Piloten erfolgt. Der Erstplazierte einer Gruppe erhält jeweils 1000 Punkte, die nachfolgenden eine ihrer Leistung entsprechende Punktzahl. Durch die gruppenbezogene Wertung werden wetterbedingte Einflüsse weitgehend eliminiert und eine möglichst gerechte Wertung erreicht.

Start und Landung:
Generell gilt: Das Modell muß auf dem abgesteckten Flugfeld gestartet werden und auch dort landen. Außenlandungen erhalten für den betreffenden Flug eine Nullwertung. Die Landung ist im Flugfeld erfolgt, wenn ein Teil des Modells in dieses hineinragt. Für die Festlegung der Flugzeit zählt die Zeit vom Verlassen der Hand (bei Katapultstart: der Starteinrichtung) bis zum ersten Kontakt mit einem Hindernis oder dem Boden (je nachdem, was zuerst erfolgt). Des weiteren muß das Modell spätestens mit dem Ablauf der vorgegebenen Rahmenzeit gelandet sein. Andernfalls erhält der letzte Flug eine Nullwertung.

Jeder Teilnehmer darf einen zusätzlichen Helfer einsetzen, muß jedoch das Modell selbst starten. Technische Hilfsmittel für den Handstart sind nicht erlaubt.

Vor Beginn der Rahmenzeit muß die Startbereitschaft aller Teilnehmer durch den Wettbewerbsleiter sichergestellt werden. Das Ende der Rahmenzeit muß 1 Minute zuvor deutlich angekündigt werden. Anfang und Ende der Rahmenzeit müssen für alle Teilnehmer deutlich wahrnehmbar signalisiert werden.

Jury:
Bei Zweifelsfragen entscheidet eine Jury aus dem Wettbewerbsleiter und zwei Teilnehmern, die vor Wettbewerbsbeginn durch die Teilnehmer selbst vorgeschlagen und gewählt wurden.

---

dreimal erreicht werden kann. Bei geringeren Flugzeiten werden die drei besten Ergebnisse addiert.

Längster Flug
Es zählt der längste Flug innerhalb der Rahmenzeit von 10 Minuten.

Begrenzte Zahl von Starts
Es darf innerhalb der Rahmenzeit nur eine begrenzte Zahl von Starts durchgeführt werden (z.B. 5). Die drei besten Ergebnisse werden gewertet.

Letzter Flug zählt
Der Teilnehmer kann innerhalb der Rahmenzeit eine beliebige Zahl von Starts durchführen. Die Flugzeit des letzten Fluges wird gewertet. Der Teilnehmer muß klar zu erken-

Auffangen des Modells und sofortiges Wiederabwerfen ergibt die kürzesten Bodenzeiten.

nen geben, daß dies sein letzter Flug ist, und unmittelbar danach das Flugfeld verlassen.

Die Möglichkeiten, weitere Flugaufgaben festzulegen, sind unbeschränkt. Dem Erfindungsreichtum des Veranstalters sind hier keine Grenzen gesetzt. Entgegen den offiziellen Klassen finden sich hier auch Regeln, die taktische Komponenten und ganz einfach Glück mit einbeziehen (warum sollen immer dieselben gewinnen?).

Denkbar ist auch ein Fliegen nach dem K.-o.-System, wobei jeweils mehrere Teilnehmer gegeneinander fliegen und der zuletzt gelandete mit einem Minuspunkt belegt wird. Wer zwei bzw. drei Minuspunkte hat, muß ausscheiden. Manche Veranstalter führen nach der Vorrunde noch eine Endrunde (Fly-Off-Runde) durch: Im Fly-Off sind die beispielsweise zehn bestplazierten Piloten der Vorrunde vertreten, wobei die Vorrundenergebnisse in die Fly-Off-Wertung nicht einfließen. Jeder Endrundenteilnehmer hat also nochmals gleiche Chancen zum Sieg.

Katapultstart

Mit Hilfe einer Bungee-Einrichtung (z.B. 5 m Gummiseil, vorzugsweise 6-mm-Gummi-schlauch, und 10 m Perlonseil) wird die körperliche Leistungskomponente eliminiert, so daß auch nicht so wurfstarke Piloten am Wettbewerb teilnehmen können. Eine reine Katapultklasse würde völlig neue Möglichkeiten eröffnen, dürfte aber letztlich gegenüber den reinen HLGs zu einer gänzlich anderen Modellauslegung führen. Für bestimmte Sonderaufgaben wie das Streckenfliegen (50 m Strecke möglichst oft durchfliegen) ist ebenfalls eine Katapulteinrichtung erforderlich.

Das Katapult muß von der Zugstärke her den Modellen angemessen sein. Stärkere Katapulte, die über den erwähnten 6-mm-Schlauch hinausgehen, sollten nur mit dem Einverständnis aller Teilnehmer eingesetzt werden.

Von verschiedenen Seiten wird gefordert, eigene Wettbewerbe ausschließlich mit Katapultstarts durchzuführen. Das eröffnet neue Möglichkeiten, insbesondere für ältere bzw. weniger wurfstarke Teilnehmer. Bei Verwendung der Bungee-Einrichtung ist zu beachten, daß die Dehnungslänge des Gummis für jeden Teilnehmer gleichmäßig begrenzt wird.

Etwas Theorie muß sein: Physik und Aerodynamik des Wurfseglers

Wurfhöhe ist gefragt!

Abwurfwinkel

Im Gegensatz zum Speer, der mit ca. 35° abgeworfen wird, sollte beim HLG aus Gründen des längeren Beschleunigungsweges ein Abwurfwinkel um oder unter 15° angestrebt werden. Die biomechanische Beschleunigungsstrecke wird dadurch erheblich länger. Da der HLG – insbesondere bei Wind – meist noch eine geringe Aufbäumtendenz besitzt, ist der flache Abwurf auch deswegen erforderlich.

Berechnung der Wurfhöhe

Kennt man die Abwurfgeschwindigkeit, kann man mit Hilfe des Programmes „Tricep" die Wurfhöhe berechnen. Dabei müssen verschiedene Parameter wie Abwurfwinkel, Mo-

Abwurf mit knapp 100 km/h: Flaches Abwerfen ergibt einen längeren biomechanischen Beschleunigungsweg.

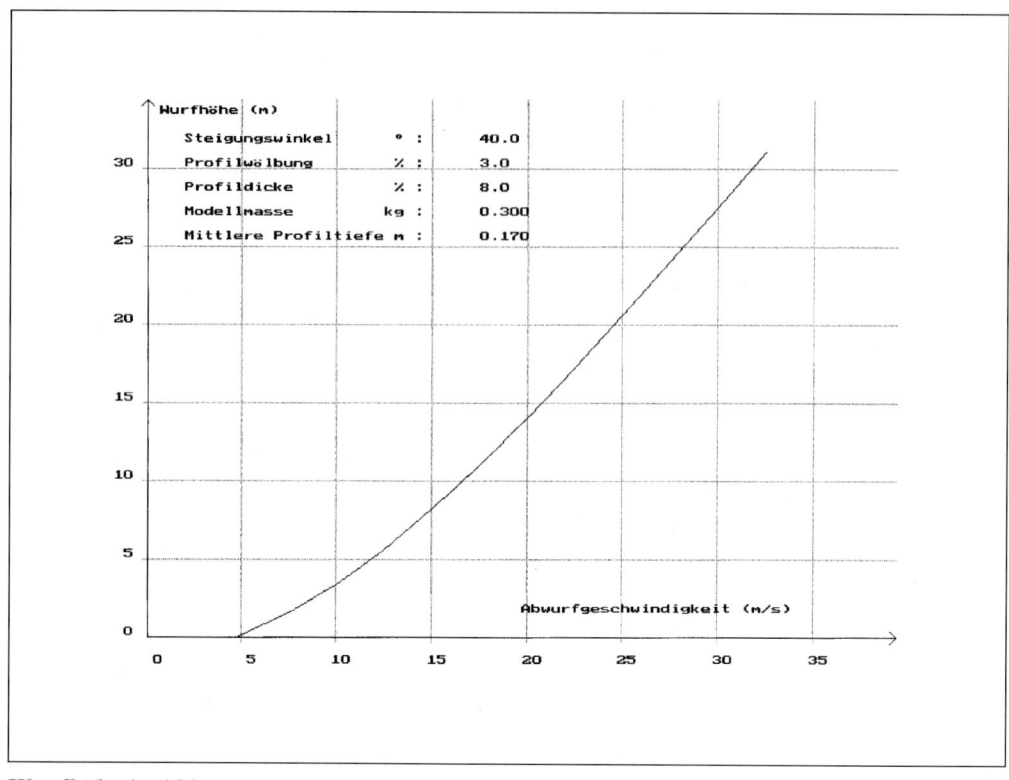

Wurfhöhe (m)

Steigungswinkel	°	:	40.0
Profilwölbung	%	:	3.0
Profildicke	%	:	8.0
Modellmasse	kg	:	0.300
Mittlere Profiltiefe	m	:	0.170

Abwurfgeschwindigkeit (m/s)

Wurfhöhe in Abhängigkeit von der Abwurfgeschwindigkeit

dellmasse, Profilwölbung usw. eingeben werden. Umgekehrt kann aus der Wurfhöhe die Abwurfgeschwindigkeit ermittelt werden.

Beim Wurf wird die kinetische Anfangsenergie aufgezehrt durch die vom Modell geleistete Widerstandsarbeit und die mit der Höhe zunehmende potentielle Energie (Lageenergie). Wenn die Gleitgeschwindigkeit des Modells erreicht ist, kann keine Höhe mehr gewonnen werden.

Wird der Steigflug nicht rechtzeitig durch „Drücken" unterbrochen, verliert das Modell zuviel Geschwindigkeit und muß anschließend durchtauchen, um die Fahrt wieder aufzuholen. Dabei geht wertvolle Höhe verloren.

Die Wurfhöhe schätzen oder messen?

Über Wurfhöhen beim HLG gibt es die abenteuerlichsten Schätzungen. Um Klarheit

zu bekommen, haben wir eine einfache Meßmethode entwickelt. Mag diese in der Praxis nur auf eine halben Meter genau sein, so zeigt sie doch die richtige Größenordnung. Bei mehrfacher Wiederholung der Messung mitteln sich zufällige Meßfehler heraus.

Unsere Messungen zeigten, daß ein guter Werfer bei Wind eine Höhe von 17 bis 18 m ohne weiteres erreicht. Ohne Gegenwindeinfluß liegen die Wurfhöhen zwischen 12 und 15 m. Gegenwind erhöht die Abwurfgeschwindigkeit in bezug auf die umgebende Luft, außerdem erhält das Modell mit zunehmender Höhe eine Zusatzenergie durch den Windgradienten, d.h. durch die Zunahme der Windgeschwindigkeit mit der Höhe.

Beispiel: Bei einer Bodenwindgeschwindigkeit von 5 m/s und einer Abwurfgeschwindigkeit von 20 m/s erhöht sich die effektive

Geschwindigkeit auf 25 m/s. Damit wächst die kinetische Energie um mehr als 50 % an. Die Wurfhöhe erhöht sich dann von ursprünglich 14 (ohne Windeinfluß) auf rund 20 m!

Beim Wurf wird der Effekt des dynamischen Segelflugs, wie wir ihn z.B. beim Albatros beobachten, voll umgesetzt. Auch dieser Vogel steigt gegen den Wind auf, wobei ihm die Zunahme der Windgeschwindigkeit mit der Höhe eine Zusatzenergie verleiht.

Setzte man nun einen Athleten mit Speerwerferqualitäten ein, so würde die Abwurfgeschwindigkeit bei über 100 km/h und die Wurfhöhe schon bei Windstille bei 20 m liegen. Allerdings werden hierbei Beschleunigungen bis zu 15 g erreicht. Auf die Hand des Werfers würde das 0,4 kg schwere Modell dann mit einer Kraft von etwa 60 Newton (entsprechend eine Masse von 6 kg) drücken, was die leichten Modelle wohl kaum mehr aushielten.

Die besten bei Wettbewerben erreichten Wurfhöhen liegen (mit Windeinfluß) bei 22 bis 23 m. Mit Hilfe des Programms „Tricep" wurden die Wurfhöhen in Abhängigkeit von der Abwurfgeschwindigkeit und des -winkels berechnet, wobei die geleistete Widerstandsarbeit auf der jeweiligen Flugbahn berücksichtigt wurde. Die Berechnung zeigt, daß die Abwurfgeschwindigkeiten von guten Werfern bei 20 bis 25 m/s, entsprechend 90 km/h, liegen.

Die Phasen des Wurfes und häufige Fehlerquellen

In Anlehnung an den Speerwurf unterscheiden wir beim Wurf folgende Abschnitte:

Anlaufphase

Sie besteht aus fünf bis sechs Schritten. Der Wurfsegler wird neben bzw. etwas vor dem Kopf gehalten, mit leicht nach außen hängendem Flügel – um beim Abwurf nicht am Kopf zu streifen. Der Anlauf endet mit dem sogenannten Impulsschritt.

Impulsschritt

Mit Abschluß des Impulsschrittes wird der Wurfarm unter gleichzeitiger Drehung der

Messung der Wurfhöhe

Die Messung der Wurfhöhe kann trigonometrisch mit Hilfe einer Steigungswinkel-Meßeinrichtung (Zubehör beim Modellraketensport) wie folgt leicht überprüft werden: Im Gelände wird eine ca. 5–7 m hohe Stange (Hochseeangel, Surfmast, Zeltstange o.ä.) senkrecht aufgestellt und mit Schnüren abgespannt. Der Werfer wirft in Richtung Stange, die von ihm aus gesehen in Windrichtung steht. Kurz nachdem der höchste Punkt erreicht ist, soll die Spitze der Stange überflogen werden. Bei leichten Abweichungen kann gegebenenfalls noch nachgesteuert werden. Ein Beobachter postiert sich 20 m seitlich der Stange in rechtem Winkel zur Wurfrichtung und peilt mit seinem Neigungsmesser das Modell beim Überfliegen der Stangenspitze an. Der Werfer gibt jeweils an, ob sich das Modell auf dem richtigen „Meßkurs" befindet. Der Winkelwert wird abgelesen. Die Wurfhöhe h ergibt sich dann aus:

$$h = 20 \times tg\, \alpha + h_0$$

h_0 = Höhe der Meßeinrichtung über Grund

Beispiel: Bei $\alpha = 30°$ ergibt sich $h = 20 \times 0,57 + 1,8 = 13,2$ m

Die Tabelle zeigt die bei einem guten Werfer durch Messung ermittelten Wurfhöhen. Der Mittelwert liegt bei 17,36 m, der Maximalwert beträgt 18,71 m.

Schulter und des Beckens bogenartig nach hinten durchgespannt, um beim Abwurf eine möglichst lange Beschleunigungsstrecke zu erzielen. Becken und Schulter sind jetzt parallel zur Anlaufrichtung ausgerichtet.

Meßzubehör für die Höhenmessung. Die Winkel-Meßpistole verwenden auch Raketen-Modellbauer zur Höhenbestimmung.

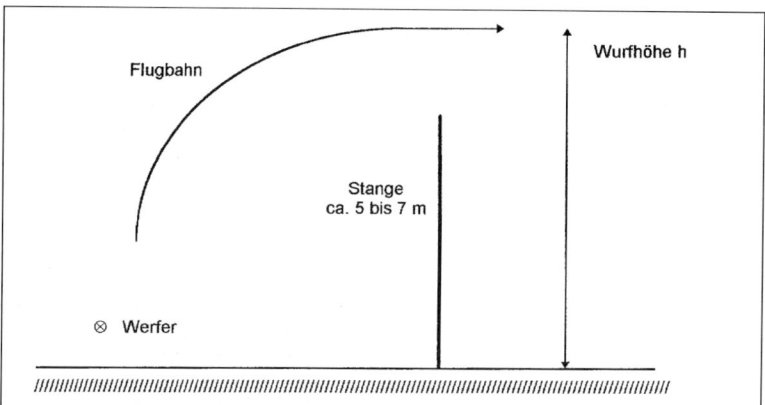

Flugbahn

Wurfhöhe h

Stange
ca. 5 bis 7 m

⊗ Werfer

Höhenmessung: Das Modell wird in Richtung GFK-Stange geworfen und überfliegt diese. 20 m seitlich (senkrecht zur Wurfrichtung) steht ein Helfer und ermittelt den Winkel ALPHA.

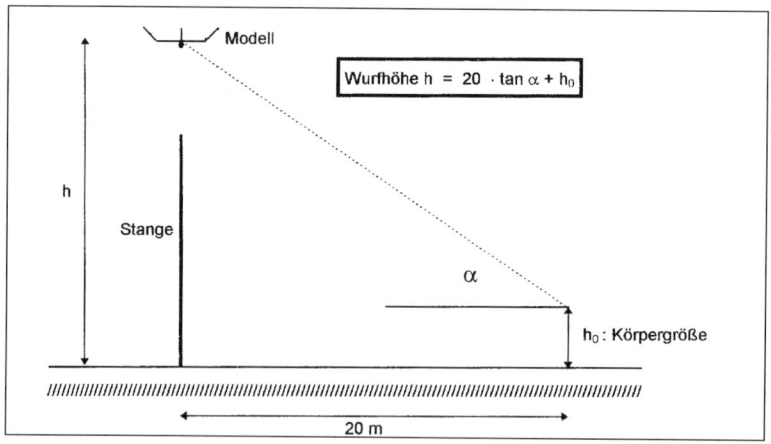

Modell

$$\text{Wurfhöhe } h = 20 \cdot \tan \alpha + h_0$$

h

Stange

α

h_0 : Körpergröße

20 m

Beim Überfliegen der GFK-Stange erfolgt das Anpeilen mit dem Neigungsmesser.

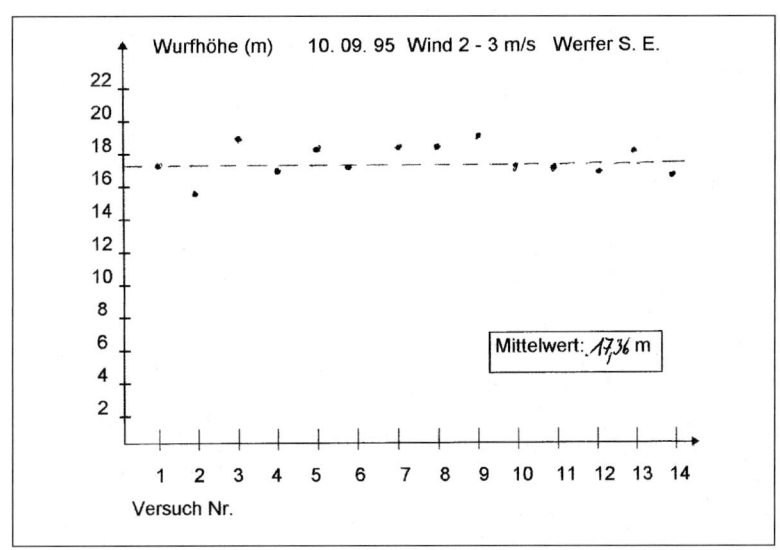

Wurfhöhe (m)   10. 09. 95   Wind 2 - 3 m/s   Werfer S. E.

Mittelwert: 17,36 m

Versuch Nr.

Wurfhöhen eines guten jugendlichen Werfers. Der Mittelwert aus 14 Versuchen beträgt 17,36 m.

Anlauf

So sieht die Höhenmessung in der Praxis aus: Das Modell überfliegt gerade die Spitze der Stange und wird dabei mit dem Winkelmesser angepeilt.

Impulsschritt

Stemmschritt

Abwurf

*Unsauberer Abwurf: Rumpf und Tragflü-
gel biegen sich durch und erhöhen den
Widerstand.*

Häufig wird die Wirkung der Beckendrehung beim Wurf unterschätzt und das Becken gar nicht oder nur wenig ausgedreht.

Stemmphase

Beim Stemmschritt wird die Bewegungsenergie des Körpers auf das Fluggerät übertragen und der Körper damit abgebremst.

Der beim Speerwurf ausgeprägte Stemmschritt ist beim HLG-Abwurf in dieser Form nicht unbedingt notwendig, da ein bestimmte Anlaufbegrenzung nicht eingehalten werden muß. Er sollte bei weniger sportlich Trainierten wegen der starken Belastung des Kniegelenks vermieden oder nicht so stark ausgeprägt werden. Die Wurfenergie kann auch im Lauf übertragen werden, wobei der Körper sanfter abgebremst wird.

Abwurf

Der Abwurf wird mit einer kräftigen Drehung aus der Hüfte eingeleitet. Die Drehung setzt sich auf den Schultergürtel fort. Körper und Wurfarm schnellen jetzt nach vorn. Der Rumpf des Wurfseglers wird dabei etwa eine Handbreit über dem Kopf geführt. Der Abwurfwinkel beträgt etwa 15–25°, bei Wind auch weniger. Der Anstellwinkel des Flügels ergibt sich aus dem Einstellwinkel gegenüber dem Rumpf (etwa 1–2°). Der Abwurf dauert (nach Messungen beim Speerwurf) etwa 100–200 Millisekunden. Die Beschleunigung erfolgt nicht gleichmäßig, vielmehr wird die Hauptbeschleunigung erst in der zweiten Phase des Wurfes erreicht. Wichtig ist, daß der Rumpf des Modells richtungsstabil wie auf einer Schiene nach vorne geführt wird. Schon leichte Abweichungen von der Idealinie, unkontrollierte Drehungen des Handgelenks oder ein Reißen am Modell beim Ablösen der Wurfhand usw. führen zu einer erheblichen Widerstandszunahme. Häufig kommen bei weniger Geübten auch Verkrampfungen des Körpers bzw. des Wurfarmes vor, die man schlecht wieder loswird, wenn sie einmal eingeführt sind. Empfehlenswert ist dann die Verwendung eines HLG-Wurftrainers (s.u.).

Steigerung der Wurfhöhe

Bei gegebener Wurfkraft gibt es folgende Möglichkeiten, die Wurfhöhe zu steigern:

– Schnellerer Anlauf: Die Anlaufgeschwindigkeit addiert sich zur Abwurfgeschwindigkeit. Ein schwacher Werfer sollte daher schnell anlaufen und aus vollem Lauf heraus werfen (kein Stemmschritt).
– Weiteres, bogenartiges Durchspannen des Wurfarmes bei der Vorbereitung des Abwurfes. Dabei sollte der gesamte Oberkörper einschließlich Hüfte soweit wie möglich nach hinten gedreht werden.
– Beim Abwurf zunächst kräftige Drehung aus der Hüfte zur Vorbeschleunigung des Unterkörpers, dann die Schulter und den Wurfarm durchziehen. Beim Abwurf muß man sich eine Wand vorstellen, die es einzudrücken gilt.

Weitere Faktoren zur Verbesserung des Abwurfes

Neben den obligatorischen Dehnübungen (stretching), die dem Werfen in jedem Fall vorangehen sollten, und einem optimalen Bewegungsablauf ist vor allem die Griffposition entscheidend, um möglichst die volle Bewegungsenergie auf das Fluggerät zu übertragen.

Griffpositionen beim Abwurf:

- In die Rumpfunterseite eingearbeitetes Fingerloch etwa auf Höhe der Flügelhinterkante. Hier greift der Zeigefinger der Wurfhand ein und kann damit Schub bis zum letzten Modellkontakt ausüben. Auf den Finger wirken sehr große Kräfte. Er sollte deshalb gegen einen festen, mit Moosgummi o.ä. gepolsterten Spant drücken. Bei breiten Rümpfen wer-

Griffposition mit Fingerloch auf der Rumpfunterseite bei etwa 70 % der Flügeltiefe (Modell „Whisky")

Fingerauflage an der Rumpfunterseite bei Verwendung eines Stabrumpfes (Modell „Suppenkasper")

den zum Teil auch zwei Finger in das Abwurfloch eingeführt, was die Kraftübertragung erleichtert und eine zusätzliche Führungsmöglichkeit während der Abwurfphase ergibt.

- Stufe an der Rumpfunterseite zur Auflage des Zeigefingers. Diese Stützstufe hat sich, da leicht zugänglich, als praktikabel im Wettbewerbseinsatz erwiesen. Allerdings muß ein kleiner Zusatzwiderstand in Kauf genommen werden, der sich jedoch in der Gesamtwiderstands-

bilanz kaum negativ auswirkt. Der Rumpf selbst sollte nicht zu schmal gebaut werden, da die Kraft des Griffes bei etwas stärker geöffneter Hand höher ist (eine dünne Scheibe kann man nicht so fest halten wie einen dicken Knauf!).

- Gabelgriff durch ergonomisch geformte Griffmulden oder Querstab im Rumpf. Durch den Gabelgriff erfolgt eine gleichmäßige Führung mit Korrekturmöglichkeit in der Beschleunigungsphase. Der Gabelgriff hat den Nach-

Griffhaltung mit Gabelgriff. Mittel- und Zeigefinger liegen an einem 5-mm-CFK-Rundstab (Modell „Acron 2").

Wurftrainer mit Mini-Leitwerks-flossen zur Ein-übung eines sauberen Ab-wurfs

teil, daß man beim Auffangen und sofortigen Durchstarten umgreifen muß. Die Übertragung der Wurfenergie ist hier jedoch optimal.

Sehr gute Ergebnisse haben wir mit einem durch den Rumpf gehenden Querstab erzielt, der unmittelbar hinter der Flügelhinterkante liegt. Der Querstab sollte seitlich etwa 2 cm herausragen und aus mindestens 4 mm starkem Rundmaterial, z.B. Kohlefaserstab oder Aluminiumrohr, bestehen.

Insgesamt ermöglicht der Gabelgriff, vor allem bei individuell schwierigen Fällen, einen sauberen Abwurf, da er eine bessere Führung des Modells in der Abwurfphase erlaubt.

Wurftraining

Zur Verbesserung der Wurfleistung hat sich ein Wurftraining mit 2–3 kg schweren Medizinbällen als günstig erwiesen. Um den Schultergürtel insgesamt zu stärken, sollte beidseitig geworfen werden. Achtung: Würfe mit voller Kraft dürfen nur nach vorangegangenen Aufwärm- und Dehnübungen durchgeführt werden!

R. Mittelbach hat ein spezielles, speerähnliches Trainingsgerät entwickelt, das etwa das Gewicht eines HLG besitzt (400 g) und ein gezieltes Üben des sauberen Abwurfes ermöglicht.

Die Rolle des Senders

Meist werden leichte Handsender eingesetzt. Da der Sender beim Wurfablauf ein willkommenes Gegengewicht zum Modell darstellt, sollte auch seine Masse etwa derjenigen des Modells entsprechen. Die Firma Becker bietet einen leichten Einhandsender mit nur einem Steuerknüppel an. Das geringe Gewicht ist sicher vorteilhaft, jedoch sind Sender mit Einknüppelsteuerung gewöhnungsbedürftig.

Die Aerodynamik des Wurfseglers

Die Widerstandsbilanz

Ein Wurfsegler muß einen sehr großen Geschwindigkeitsbereich überbrücken. Beträgt die Abwurfgeschwindigkeit maximal etwa 25 m/s, entsprechend einer Re-Zahl von 250.000 bis 300.000, so findet man im Gleitflug bei 5 m/s Re-Zahlen um 60.000.

Das generelle Ziel der Wurfsegler-Aerodynamik ist die Widerstandsminimierung. Zu berücksichtigen sind folgende Widerstandsbeiträge:

– der Reibungswiderstand von Rumpf- und Leitwerksflächen
– der Profilwiderstand
– der induzierte Widerstand
– sonstige schädliche Widerstände (Ruderausschläge, Interferenzwiderstand usw.)

Im ersten Teil der Steigflugphase entspricht das Modell einem Widerstandskörper, da die Zirkulation (Umströmung des Tragflügels) noch nicht eingesetzt hat. Der Gesamtwiderstand ist im wesentlichen von der Stirnfläche abhängig. Die Stirnfläche ist die in Flugrichtung gesehene projizierte Gesamtfläche. Sie sollte minimiert werden durch:

– minimalen Rumpfquerschnitt
– verdeckte Ruderanlenkungen

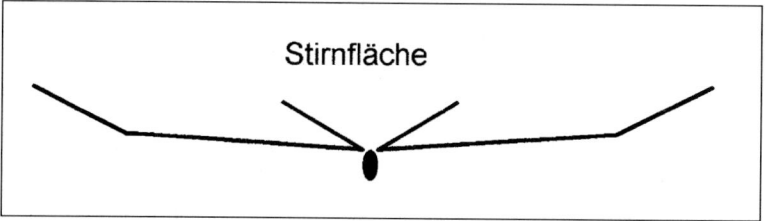

Stirnfläche

Die Stirnfläche eines HLG bestimmt den Widerstand in der ersten Steigflugphase.

- dünnes Tragflächenprofil
- Tragflügel-Einstellwinkel von maximal 1°
- dünne Leitwerksprofile

Im mittleren Teil des Steigfluges herrschen c_a-Werte von 0,2 bis 0,5 vor. Beim Übergang in den Gleitflug wird dann das Gleit-c_a von etwa 0,9 bis 1,1 (je nach Profil) erreicht. Anzustreben sind daher möglichst niedrige Widerstandsbeiwerte im gesamten c_a-Bereich.

Hinsichtlich des Erreichens einer möglichst großen Wurfhöhe sind insbesondere die Widerstandsbeiwerte bei kleinem c_a maßgebend. Hierzu sollte man auf jeden Fall das Polardiagramm befragen, wobei die Profilmessungen für den gesamten interessierenden Re-Zahl-

Bereich vorliegen sollten.

Leider erkennt man bei vielen Profilen eine Widerstandszunahme im mittleren c_a-Bereich, häufig infolge laminarer Ablösungen. Diese „Widerstandsdelle", die im übrigen genau anders herum liegt wie die „Laminardelle" im hohen Re-Bereich der Großsegelflugzeuge, nämlich in Richtung zunehmenden Widerstandes, kann man recht erfolgreich mit Turbulatoren bekämpfen.

Ein Turbulator führt eben bei diesen Profilen im mittleren c_a-Bereich erstaunlicherweise nicht zu einer Widerstandszunahme, sondern zu einer Abnahme! Die Wurfhöhe kann also – in Abhängigkeit vom Profil – mit Turbulator höher sein als ohne.

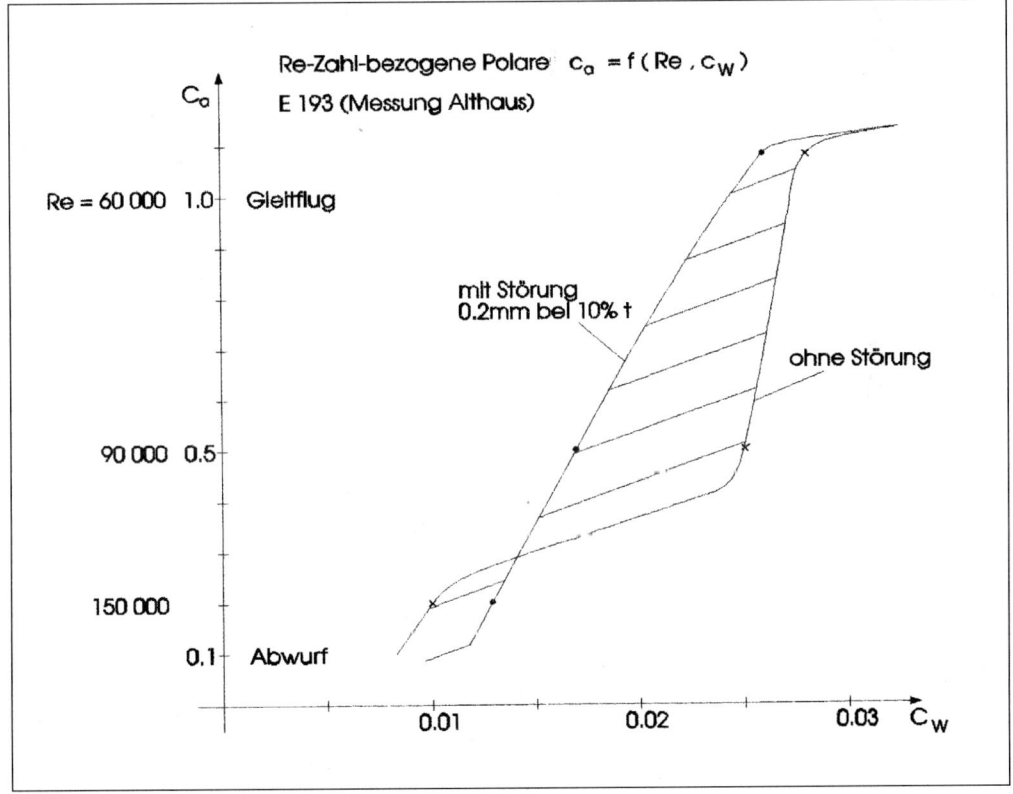

Widerstandsgewinn durch Verwendung eines Turbolators: Die Widerstandsabnahme entspricht der Differenz der schraffierten Flächen zwischen den Re-Zahl-bezogenen (dynamischen) Polaren.

Profile

Für den Wurfsegler kommen aus den genannten Gründen grundsätzlich nur widerstandsarme Profile zum Einsatz, wobei zwei Grundtypen zu unterscheiden sind:

- Profile mit gerader Unterseite, einer Dicke von 8 bis 9 % und einer Wölbung von 2,0 bis 3,5 %. Wichtige Vertreter sind hier das Eppler 205 (mod. 8 bis 9%), das Gö 795, S 3021, HL75K3308.
- Keulenprofile mit heruntergezogener Endfahne, Dicke und Wölbung wie Gruppe 1. Als Beispiele seien hier das SD 8000, SD 7037, SD 7032, S 4083 , E 214 mod., RG 15, HQ 2,5/8, MH 32 genannt.

Bei der Profilauswahl können je nach Einsatzbereich Schwerpunkte gesetzt werden. Strebt man z.B. geringes Sinken bei ruhigem Wetter an, wird man sich für eine etwas größere Wölbung von 3,5 % entscheiden. Ein schnelleres Modell für windiges Wetter dagegen wird man mit einem Profil von 2,5 % Wölbung ausstatten.

Bei Wettbewerbsmodellen tendiert man häufig zu geringeren Wölbungen, weil die Penetrierfähigkeit (Durchsetzungsvermögen bei Wind) besser ist. Als günstigste Profildicke hat sich im Re-Zahl-Bereich der HLGs ein Wert um 8 % herauskristallisiert. Dickere Profile ergeben einen zu größeren c_a-Werten hin etwas erweiterten Geschwindigkeitsbereich.

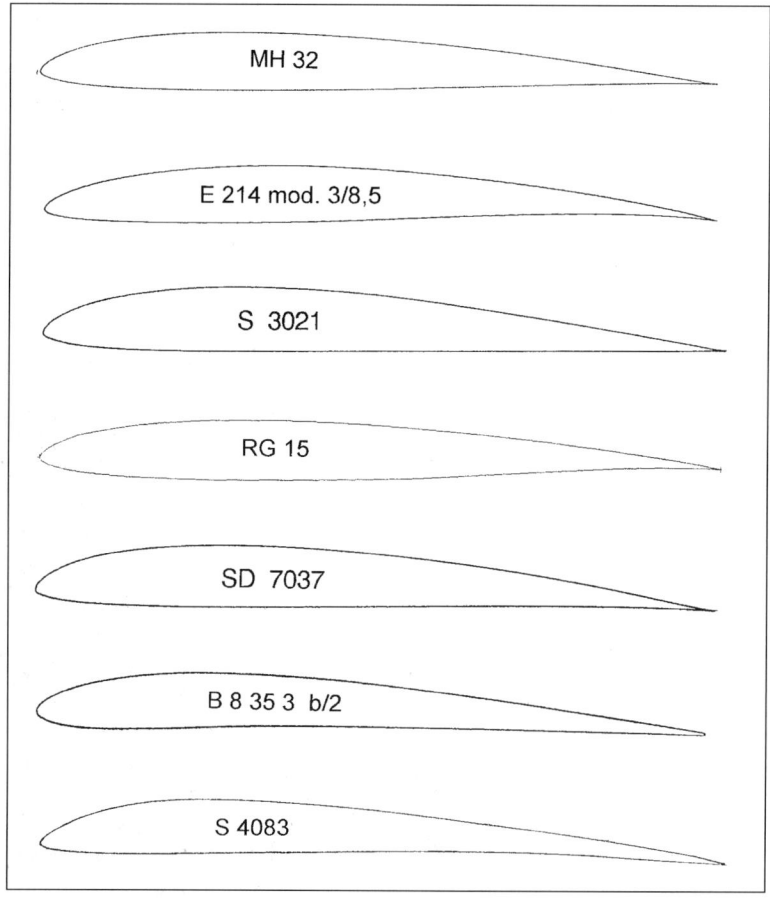

MH 32

E 214 mod. 3/8,5

S 3021

RG 15

SD 7037

B 8 35 3 b/2

S 4083

Auswahl von HLG-Profilen

Dünnere Profile haben einen geringeren Widerstand, dafür meist einen eingeschränkten Geschwindigkeitsbereich.

Für stärkeren Wind ist das MH 32 mit 2,4 % Wölbung und 8,7 % Dicke sehr empfehlenswert.

Ein ausgezeichnetes Universal-HLG-Profil, insbesondere auch für ruhigeres Wetter, ist das von Professor Selig speziell für diese Anwendung entwickelte S 4083 mit 8 % Dicke, 3,45 % Wölbung und 35 % Wölbungsrücklage.

Die folgende Tabelle gibt eine Übersicht über bewährte Wurfseglerprofile und deren Daten.

Profilübersicht
(Auswahl einiger bewährter HLG-Profile)

Profil	Dicke	Wölbung
Clark Y mod.	9 %	3,5 %
E 205 mod.	9 %	3 %
E 214 mod.	8,5 %	3 %
B 8353 b/2	8 %	3 %
Gö 795	8 %	2,45 %
HQ 3/9	9 %	3 %
HQ 2,5/8	8 %	2,5 %
RG 15	8,93 %	1,76 %
MVA 126	7 %	4,1 %
S 3021	9,47 %	2,96 %
S 4083	8 %	3,45 %
SD 7037	9,2 %	3 %
SD 7032 mod.	8 %	3,66 %
SD 7043	9,13 %	3,5 %
MH 32	8,71 %	2,37 %

Turbulator und spitze Nase

Turbulatoren haben die Aufgabe, einen überkritischen Strömungszustand zu erzwingen, bevor laminare Strömungsablösungen erfolgen. Ein unterkritischer Zustand kann – wie schon erwähnt – bei manchen Profilen im mittleren c_a-Bereich (also etwa im mittleren Teil des Steigfluges) auftreten, da dort die Umströmung der Profilnase, die häufig zum Umschlag laminar/turbulent führt, fehlt bzw. unvollständig ist. Ein richtig bemessener Turbulator führt hier sogar insgesamt zu einer Widerstandsabnahme (sein eigener Zusatzwiderstand wird also überkompensiert). Bei derartigen Modellen, insbesondere in Verbindung mit glatter Folienbespannung, wird man feststellen, daß die Steigflughöhe nach Anbringen des Turbulators größer wird.

Ein unterkritischer Strömungszustand kann insbesondere auch beim Übergang vom Steig- in den Gleitflug auftreten, wenn die restliche Geschwindigkeit nicht mehr genügt, um einen sauberen Übergang zu erreichen. Mit anderen Worten: Der Pilot hat das Modell zu lange „hingehängt", so daß es zuviel Fahrt verloren hat. In derartigen Fällen stellt man fest, daß der Höhenverlust beim Durchtauchen des Modells (es muß ja wieder Geschwindigkeit aufholen) mit einem Turbulator geringer ist. Die Strömung „springt" also schneller an.

Im Gleitflug schließlich beobachtet man gelegentlich, daß ein Modell kritische Flugeigenschaften besitzt. Zum Beispiel schmiert es beim engen Thermikkreisen ab – der Pilot muß ständig kontrollieren, wobei Flughöhe abgebaut wird. Kreise in niedriger Höhe können überhaupt nicht geflogen werden. Auch dies ist der typische Anwendungsfall für den Turbulator. Ein Turbulator ist angezeigt, wenn das Modell nach Anbringung ein ruhigeres Flugbild zeigt und eng gekreist werden kann.

Wie sollte nun der Turbulator aussehen? In jedem Fall bewährt haben sich Zierlinienbänder von ca. 2 mm Breite, die man ein- oder mehrlagig (0,12–0,35 mm Dicke) anbringt. Auch sogenannte Leiterplatten-Klebebänder (erhältlich z.B. bei Conrad Electronic, Best. Nr. 531847) sind wegen ihrer größeren Dicke geeignet. Vom Freiflug her sind auch Mehrfach-Turbulatoren (sogenannte Invigoraters) bekannt. Für das Profil S 4083 wurde vom Autor erfolgreich ein Doppelturbulator bei 11 und 35 % der Flügeltiefe eingesetzt.

Es gilt immer die Regel: so viel Turbulator wie nötig und so wenig wie möglich! Die günstigste Lage auf dem Flügel findet man durch Erprobung. In vielen Fällen gilt als Richtwert 8–20 % der Flügeltiefe von der Nasenkante entfernt. In manchen Fällen sind jedoch Rücklagen bis 40 % günstiger. Allgemein gilt: je größer die Rücklage, desto geringer der Zusatzwiderstand.

Generell kann man im vorliegenden Re-Zahl-Bereich annehmen, daß ein Turbulator – richtig bemessen und plaziert – in keinem Falle schädlich ist (schlimmstenfalls ist er wirkungslos). Andererseits sind nicht alle flugmechanischen Mängel am Modell mit einem Turbulator zu beseitigen – dieser ist letztlich kein Allheilmittel für schlechte Konstruktionen!

Viele Modelle fliegen auch ohne Turbulator sehr gut – und das mit absolut glatter Oberfläche. Hier funktioniert die laminare Ablöseblase, die zu einem turbulenten Wiederanliegen der Strömung führt, als Turbulator.

Und nun zur Profilnase: Grundsätzlich kann eine spitze Profilnase im mittleren und höheren c_a-Bereich genauso gut den Umschlag der Strömung herbeiführen und somit einen Tur-

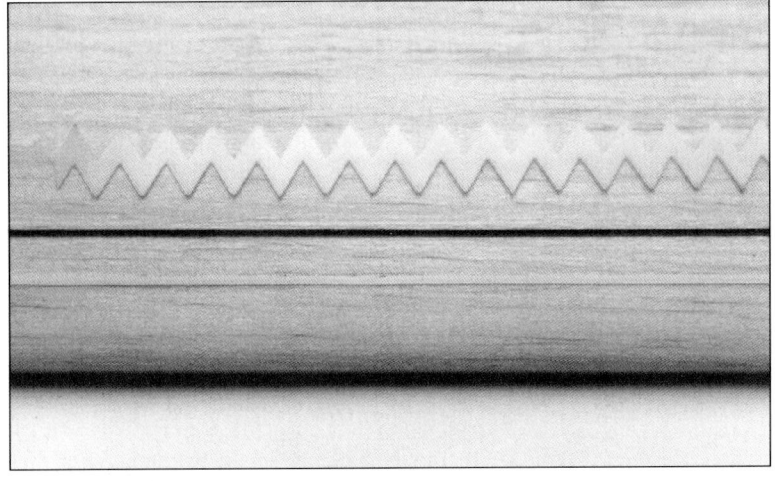

Verschiedene Arten von Turbulatoren (von oben): Zackenband 0,35 mm, Platinen-Klebeband 0,14 mm, Zierlinienband 0,09 mm.

Doppelturbulator 0,14 mm bei 11 % und 0,28 mm bei 35 % Flügeltiefe (Modell „Acron 2")

bulator ersetzen. Allerdings ist der c_a-Bereich, in dem die spitze Nase funktioniert, geringer: Bei kleineren bis mittleren Anstellwinkeln ist sie noch nicht wirksam, da unvollständig umströmt. Bei hohen Anströmwinkeln wirkt sie als Abreißkante und kann ein vorzeitiges Ablösen der Strömung begünstigen.

Das Optimierungs-programm „Tricep"

Die Vorgaben

Das Programm entstand mit der Zielsetzung, die Flugleistung von Wurfseglern im Hinblick auf den Wettbewerbseinsatz zu optimieren. Die Rechnung erfolgt nur für ruhende Luft und Geradeausflug, taktische Gesichtspunkte und wetterabhängige Modellauslegungen konnten hier nicht berücksichtigt werden. Entsprechend werden die im praktischen Einsatz geflogenen Modelle dann auch von den Rechenergebnissen mehr oder weniger abweichen. Ein Rechenprogramm kann dabei nur das leisten, was man an Vorgaben hineinsteckt. Die Beschreibung der Re-Zahl-abhängigen Widerstände im Bereich 60.000 bis 300.000 erfolgte nach den Meßdaten von Althaus und Selig/Donovan.

Wie undurchschaubar die Zusammenhänge sind, soll am Beispiel der Variablen „Profiltiefe" erläutert werden: Ändert man die Profiltiefe bei fester Spannweite, so ändern sich gleichzeitig folgende Parameter mit z.T. gegenläufiger Tendenz:

- Re-Zahl
- Streckung
- Widerstand
- induzierter Anströmwinkel
- Auftriebsbeiwert
- Flächenbelastung

Es ist ohne Einsatz des Computers unmöglich zu überblicken, welche Änderung in der Flugzeit sich z.B. mit zunehmender Flügeltiefe ergibt.

Dabei sind immer Steig- und Gleitflug zusammen zu sehen: Eine für den Gleitflug sehr günstige Auslegung wird u.U. keine gute Wurfhöhe erzielen und ist somit nicht optimal.

Die Berechnung der reinen Wurfhöhe h (ohne Abwurfhöhe h_0) erfolgt durch Subtraktion der geschwindigkeitsabhängigen Widerstandsarbeit von der kinetischen Energie entlang der Flugbahn mit der Integralgleichung:

$$h = (v_0{}^2 - v_x{}^2 - (2/m) \cdot \int_0^h W(v)ds) / (2 \cdot g)$$

es bedeuten:

v_0	Abwurfgeschwindigkeit
v_x	Gleitfluggeschwindigkeit
$W(v)$	Gesamtwiderstand
m	Flugmasse
ds	Wegelement
g	Erdbeschleunigung

Die Berechnung der Gleitflugdauer ergibt sich aus:

$$T = ((h + h_0) / (4 \times \sqrt{m/F})) \times (c_{aopt}{}^{1,5} / c_{wges})$$

mit:

F	Flügelfläche (m²)
m	Flugmasse (kg)
c_{aopt}	Auftriebsbeiwert bei geringstem Sinken
c_{wges}	Gesamtwiderstandsbeiwert
h	Wurfhöhe (m)
h_0	Abwurfhöhe (Körpergröße) in m
T	Gesamtflugzeit (s)

Das Programm

Folgende Eingabeparameter werden nach Programmstart abgefragt:

-	Abwurfgeschwindigkeit	v_0 (m/s)
-	Steigwinkel	A (Grad)
-	Profilwölbung	f (%)
-	Profildicke	d (%)
-	Modellmasse	m (kg)
-	mittlere Flügeltiefe	t_m (m)

Eine Variation der Spannweite wurde nicht durchgeführt, da von vornherein feststand, daß bei ruhender Luft nur die volle Spannweite von 1,5 m zur besten Leistung führt.

Das Programm berechnet nach Eingabe der Parameter die Wurfhöhe h und anschließend die Gleitflugdauer T.

Diskussion der Ergebnisse
Einfluß der Modellmasse

Für ruhende Luft ergibt sich theoretisch eine günstigste Modellmasse unter 200 g. Zwar wird die bei einer bestimmten Abwurfgeschwindigkeit v_0 erreichte Wurfhöhe mit abnehmender Masse entsprechend dem zunehmenden Verhältnis W/m geringer, jedoch verringert sich die Sinkgeschwindigkeit noch stärker, so daß die Flugzeit bis zu etwa 150 g herunter erstaunlicherweise ansteigt. Erst wenn die Flugmasse noch kleiner und damit das Verhältnis W/m noch größer wird, reicht die Wurfhöhe nicht mehr aus (eine Feder kann man nicht hochwerfen, da ihr Widerstand im Verhältnis zum Gewicht zu groß ist). Ein derart leichtes Modell wäre darüber hinaus bereits bei geringen Windstärken überfordert. Abgesehen davon lassen Statik und erforderliche Zuladung solch geringe Modellgewichte nicht zu.

Ein günstiger Kompromiß zwischen Sinkgeschwindigkeit und Penetrierfähigkeit bei Wind dürfte bei einer Modellmasse um 250–350 g liegen. Dennoch sollte man aus den Ergebnissen der Optimierungsrechnung die Konsequenzen ziehen und so leicht wie möglich bauen. Eine Ballastzuladung nach taktischen Erfordernissen ist bei guter Statik immer möglich.

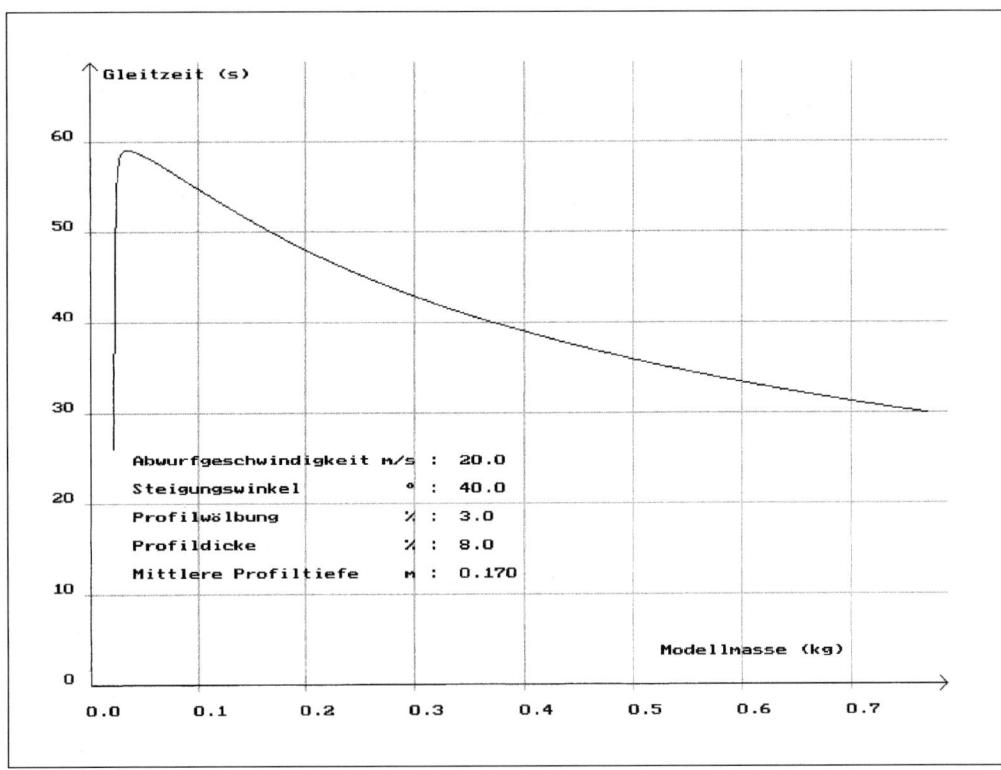

Einfluß der Modellmasse auf die Gesamtflugzeit

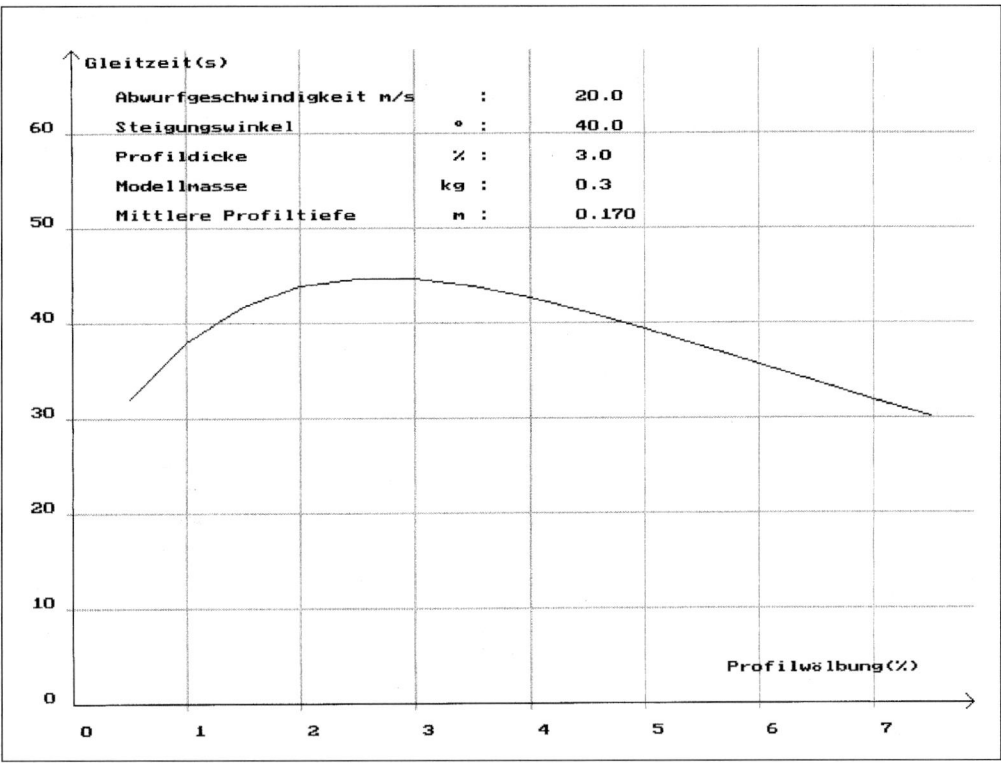

Gleitzeit(s)

Abwurfgeschwindigkeit m/s	:	20.0
Steigungswinkel	° :	40.0
Profildicke	% :	3.0
Modellmasse	kg :	0.3
Mittlere Profiltiefe	m :	0.170

Profilwölbung(%)

Einfluß der Profilwölbung auf die Gesamtflugzeit. Das Optimum liegt bei 2,8 %.

Einfluß der Profilwölbung

Das Ergebnis der Optimierungsrechnug liefert ein sehr flaches Maximum zwischen 2,5 und 3,5 % Mittellinienwölbung. Stärkere bzw. geringere Wölbungen führen jeweils zu Einbußen in der Gesamtflugdauer, weil entweder die Wurfhöhe geringer oder die Sinkgeschwindigkeit größer wird. Geringe Abweichungen vom Optimum sind jedoch ohne Bedeutung, insbesondere wenn sich ein taktischer Vorteil damit erzielen läßt (z.B. besseres Penetrieren bei windigem Wetter). Die praktischen Erfahrungen stimmen mit den vom Programm berechneten Ergebnissen hierin sehr gut überein.

Einfluß der Profildicke

Für die Profildicke ergibt sich theoretisch ein Flugzeitgewinn, wenn man sich für ein möglichst dünnes Profil entscheidet. Allerdings gibt es auch hier Grenzen, die der Computer nicht berücksichtigen kann. So z.B. die Festigkeit des Tragflügels, die irgendwann nicht mehr ausreicht, wenn man das Profil zu dünn wählt. Aber auch die Profileigenschaften verändern sich, wenn ein vorgegebenes Profil in Richtung geringerer Dicke modifiziert wird (z.B. Abnahme des maximalen Auftriebsbeiwertes). Ein vernünftiger Kompromiß liegt deshalb bei 8 % Profildicke.

Einfluß der Profiltiefe

Entsprechend der oben gemachten Aussage, daß ein möglichst geringes Modellgewicht und damit eine möglichst geringe Flächenbelastung erreicht werden sollen, ergibt sich, daß größere Flügeltiefen günstig sind. Aber auch hier sollte nicht übertrieben werden, geht doch die Penetrierfähigkeit eines Modells mit ab-

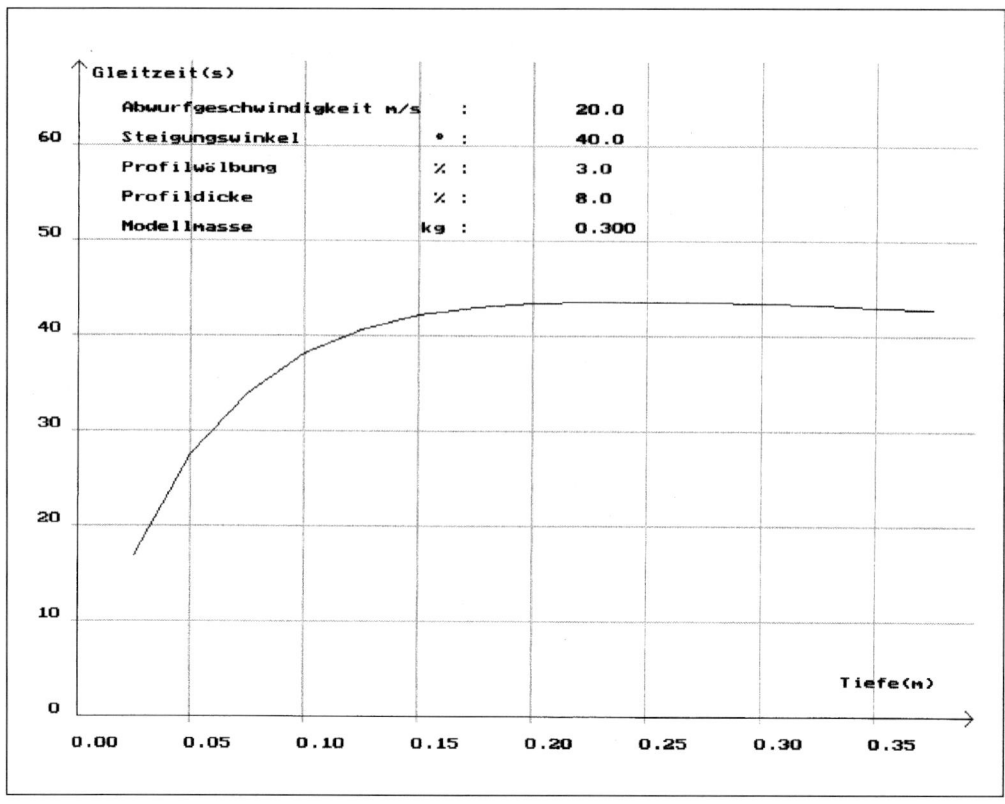

Einfluß der Flügeltiefe auf die Gesamtflugzeit

nehmender Flächenbelastung in den Keller!

Rein von der Aerodynamik her wären Flügeltiefen bis 25 cm ohne weiteres möglich. Mit geringer werdender Flügeltiefe geht die Flugleistung jedoch nur geringfügig zurück, so daß ein günstiger Kompromiß im Hinblick auf das Penetrierverhalten des Modells gemäß Diagramm bei 16–18 cm mittlerer Flügeltiefe erreicht wird. Wesentlich größere bzw. kleinere Flügeltiefen bringen Einbußen in der Flugleistung mit sich.

Unter Einbeziehung des Modellgewichtes gilt: Eine Flächenbelastung von 10 g/dm² sollte nicht unterschritten werden.

Künftige Entwicklungstendenzen

Bei Auslegung des Wurfseglers nach den Ergebnissen des Optimierungsprogrammes „Tricep" und guten Wurfleistungen sind Flug-zeiten von 40 bis 50 Sekunden ohne Thermikeinfluß ohne weiteres möglich.

Ein gewisser Entwicklungsspielraum dürfte noch in der Erprobung neuer Profile, Verminderung der Stirnfläche und auch in der Verbesserung der Oberflächengüte der Modelle liegen. Kanten und Rauhigkeiten am falschen Ort beeinflussen die Flugleistung negativ. Desgleichen müssen Widerstandsverluste durch elastische Verformung der Zelle beim Wurf vermieden werden.

Ganz besonders störend im Hinblick auf die widerstandsarme Auslegung des HLG sind größere Ruderausschläge, die regelmäßig wie eine Bremsklappe wirken. Man sollte die Ruderflächen deshalb groß genug auslegen und dafür normalerweise mit nur kleinen Ausschlägen fliegen. Die Strömung bleibt dann anliegend.

Eine große Ru-
derfläche mit
wenig Ausschlag
ist widerstands-
ärmer als eine
kleinere Fläche
mit großem Aus-
schlag.

Seitenruder-Ausschlag

falsch   30 Grad

richtig   15 Grad

Konstruktionsmerkmale

Allgemeines

Der Drahtseilakt „hohe Festigkeit bei geringstem Gewicht" ist beim HLG-Bau besonders evident. Jedes Detail muß also auf Festigkeit und Funktionstüchtigkeit, aber auch auf den Gewichtsbeitrag hin durchdacht sein.

Hat man bei der Konstruktion oder Herstellung Zweifel, ob die Festigkeit den Ansprüchen genügt, ist dies meist ein sicherer Wink, daß dort beim rauhen Wettbewerbseinsatz irgendwann ein Schaden auftritt.

Starke Festigkeitsmängel sind zum Teil bei Bausatzmodellen zu finden. Schon bei den ersten Starts geht häufig etwas zu Bruch – nicht gerade einladend, diese Modellklasse weiterzutreiben.

Einer der wichtigsten neuralgischen Punkte ist die Stabilität der Nasenleiste, wenn das Modell mit einem anderen zusammenstößt oder gegen ein Hindernis fliegt. Bei Wettbewerben sind Modellkarambolagen in der Luft oft nicht zu verhindern, z.B. wenn in dichten Pulks in

Eine CFK-Leiste 1,4×1,4 mm hinter der Nasenleiste verhindert einen größeren Schaden beim „Crash".

eng begrenzter Thermik geflogen wird.

Eine Kohlefaserleiste, die unmittelbar hinter der Nasenleiste angeordnet ist, hat sich hier bestens bewährt. Die CFK-Leiste wird durch das vorgelagerte Balsa vor punktueller Belastung geschützt und überträgt aufgrund ihrer Steifigkeit die Energie auf den Rippenverbund.

Tragflügelbauweisen

Allgemeine Gesichtspunkte

Der Tragflügel muß beim Wurfsegler erhebliche Kräfte aufnehmen, und zugleich sollte sein Gewicht aus Gründen der Flugmechanik und der Flächenbelastung gering sein. Bei den hohen Abwurfgeschwindigkeiten von bis zu 25 m/s sowie beim Hochstart mit einem Katapult treten enorme Biege- und Torsionskräfte auf. Elastische Verformungen der Flügelstruktur führen zu unerwünschten Widerstandserhöhungen, was die Flugleistung beeinträchtigen kann.

Bei Wettbewerben haben wir nicht selten Modelle mit flatternden oder geknickten Flügeln gesehen. Eine offene Rippenbauweise kann deshalb nur in Verbindung mit torsionssteifen Elementen (Rohrholme aus CFK) bzw. torsionssteifer Bespannung angewandt werden. Allerdings werden Flügel, die ihre Torsionssteife nur aus der Bespannung ableiten, bei hoher Durchbiegung wegen der Faltenbildung meist torsionsweich. Besser ist es, torsionssteife Elemente wie eine D-Box (geschlossene

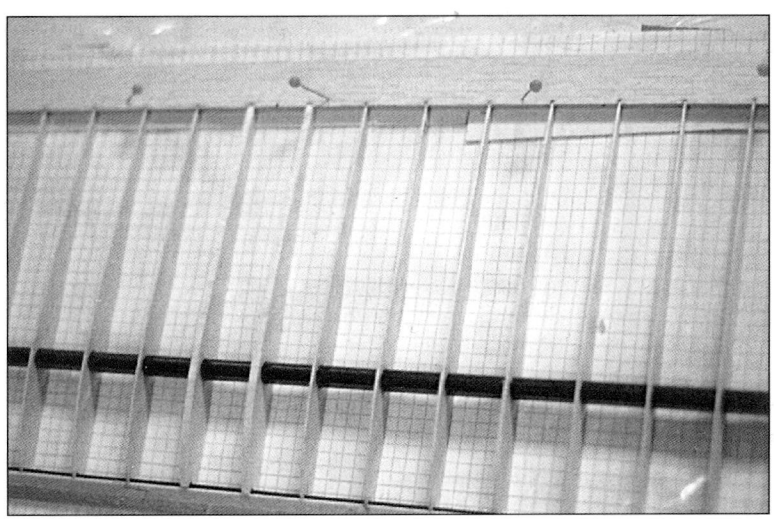

CFK-Rohrholm-
bauweise

Nasenbeplankung aus 0,8 mm dickem Balsa oder Kevlar-Laminat) oder ein CFK-Rohr einzubauen.

Die Torsionssteifigkeit des Flügels hängt näherungsweise von der dritten Potenz der größten Dicke des torsionssteifen Querschnittes ab. Eine Verdopplung der Höhe des torsionssteifen Querschnittes bewirkt daher eine achtfach höhere Verwindungssteifigkeit!

Die Rohrholmbauweise

Ideale Eigenschaften hinsichtlich Torsion und Biegung hat ein CFK-Rohr mit quadratischem Querschnitt, jedoch werden zur Vereinfachung des Baus oft runde Rohre (z.B. Drachenrohre) verwendet. Die Rippen werden hierbei mit einem Kernlochbohrer (Röhrchen mit Schneide) aufgebohrt, ehe man sie zum Block zusammensteckt und bearbeitet. Der Kernloch-

---

Folgende Festigkeitsgrundsätze sollten beim Flügelbau sorgfältig beachtet werden:

– Die Holme sollten wegen des abnehmenden Biegemomentes nach außen hin verjüngt werden (Gewichtsersparnis, geringere Massenträgheit der Flügelaußenteile).
– Auf der druckbelasteten Seite (Flügeloberseite) sollte der Materialquerschnitt etwa das doppelte desjenigen der zugbelasteten Seite (Flügelunterseite) betragen.
– Das Mittelteil des Flügels im Bereich der Rumpfauflage muß besonders verstärkt werden (z.B. 0,4-mm-Sperrholzbeplankung oder dünnes Aramid-Laminat auf die mittleren Rippenfelder), da hier die gesamte Kraft in den Flügel eingeleitet wird.
– Eine Trennstelle im Bereich des Rumpfes ist nicht günstig, man baut besser einen einteiligen oder dreiteiligen Flügel (mit gesteckten Außenteilen).
– Man sollte auf ausreichende Torsionssteifigkeit achten (D-Box, Rohrholmbauweise usw.).

bohrer vermeidet ein Ausfransen des Balsaholzes. Das aus einem gewebten CFK-Schlauch selbst angefertigte Rohr sollte einen Faserwinkel von etwa 20° besitzen. Bei diesem Winkel sind Torsionssteife und Biegefestigkeit ideal aufeinander abgestimmt. Ein CFK-Schlauch mit 10 g/m ist für Rohre mit 8–10 mm Durchmesser ideal geeignet. Der Schlauch wird über einen Hartschaumkern (rund oder quadratisch mit abgerundeten Ecken) gezogen, mit einem Schwämmchen getränkt und während des Aushärtens gespannt (s.u.). Dieses Spannbetonprinzip führt zu einer Ausrichtung der Fasern und zum Auspressen überschüssigen Harzes.

Das Rohr stellt das zentrale statische Element des Tragflügels dar, das die Kräfte auf den Rippenverband verteilt. Da sich hier eine Steckverbindung geradezu anbietet, eignet sich die Rohrholmbauweise insbesondere für den Aufbau eines dreiteiligen Flügels.

CFK-Rechteckrohre (Kastenholme) besitzen zwei unidirektionale Gurte auf einem Schaumstoffkern und sind mit einem CFK-Schlauch (Faserwinkel 45°) überzogen. Tragflügel-Rohbaugewichte von 80 g lassen sich hiermit realisieren.

Dazu als Beispiel die Gewichtsbilanz eines Rohrholmflügels:

Nasenleiste 5×5 mm Balsa Verstärkung	7,4 g
Nasenleiste-Mittelteil 1,4×1,4 CFK	4,0 g
Endleiste Balsa 20×3 mm	8,1 g
Rippen 1-mm-Balsa hart	26,5 g
CFK-Rohr 8 mm Mittelteil	15,3 g
CFK-Rohre 6 mm Ohren	8,1 g
Verstärkungen + Klebstoff	10,0 g
Randbögen	8,0 g
Bespannung	20,0 g
Summe	107,4 g

Herstellung von CFK-Rohrholmen

Zunächst muß bei Rechteckholmen ein Schaumstoffkern als Trägermaterial hergestellt

Flügelbauweise mit CFK-Kastenholm, 1-mm-Balsarippen mit unidirektionalen CF-Caps verstärkt (Modell „Hip-Hop").

werden. Geeignet ist Rohacell 51 oder blaues Roofmate mit ca. 50 kg/m³. Runde Kerne werden mit Hilfe einer Drahtschlinge, die man an einem Lineal entlangführt, aus Roofmate herausgeschnitten. Das Netzgerät sollte dabei regelbar sein, um die richtige Oberflächengüte zu erreichen.

Über den Kern wird ein käuflicher CF-Schlauch gezogen, das Ganze unter Zug an der Decke aufgehängt und mittels eines Schaumgummischwämmchens mit Harz getränkt. Überschüssiges Harz saugt man sogleich mit einem Lappen wieder ab. Der Zug auf dem CF-Schlauch sollte einige Kilogramm betragen, damit die Fasern etwas vorgereckt (Spannbetonprinzip) werden und überschüssiges Harz herausgedrückt wird. Der Kohleschlauch sollte man im Durchmesser so wählen, daß sich ein Faserwinkel von 15 bis 20° zur Längsachse einstellt.

Torsionssteifigkeit und Biegefestigkeit sind dann optimal aufeinander abgestimmt.

Käufliche gezogene CFK-Drachenrohre sind meist sehr biegesteif, haben jedoch wenig Torsionssteife, weshalb die Eigenherstellung lohnend ist. Neuerdings werden jedoch auch Fertigrohre aus Schlauchgewebe angeboten (EMC-VEGA). Auf dem Markt ist eine Vielzahl von CF-Schlauchgeweben erhältlich. Für HLGs ist CF-Schlauchgewebe mit 10 g/m (TYP 3100) für 8 mm Rohrdicke geeignet. Das fertige Rohr wiegt dann 20 g/m. Für die Flügelaußenteile eignet sich CF-Schlauch von 6 g/m (Typ 1062) bei 6 mm Rohrdicke.

Herstellung von CFK-Kastenholmen

Für Kastenholme ist der Herstellungsgang aus der Abbildung ersichtlich. Das Schneiden von Roofmate erfordert eine bestimmte Drehzahl, wie man sie z.B. mit einer regelbaren Minikreissäge (z.B. Fabrikat Böhler) einstellen kann. Bei zu hohen Blattgeschwindigkeiten schmilzt das Material; es kommt zu perlenartigen Verklumpungen an den Schneidkanten. Nach dem Zuschneiden des Kernes werden oben und unten Holmgurte aufgeklebt. Die

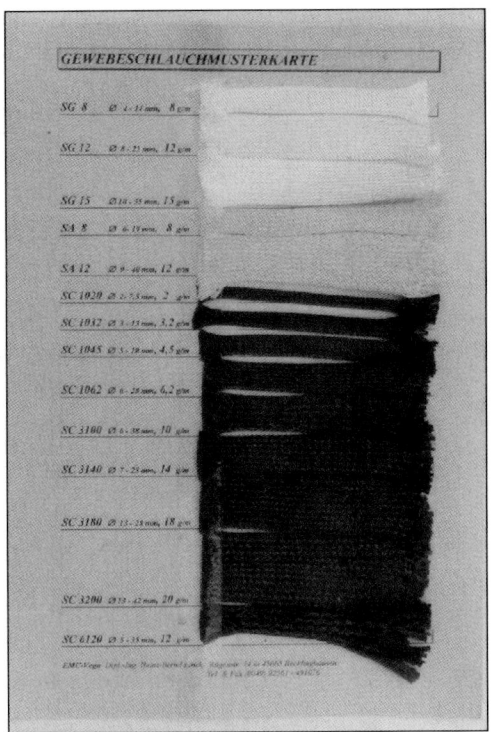

Handelsübliche Gewebeschläuche aus Glas, Aramid und Carbon.

Gurte kann man gegebenenfalls vorgefertigt kaufen (z.B. 0,8×3 mm bei Horejsi, siehe Bezugsquellen im Anhang) oder aus CF-Rovings selbst herstellen. Der Obergurt sollte aus Festigkeitsgründen etwas dicker sein als der Untergurt.

Der vorgefertigte Träger kommt dann in den CF-Schlauch (diesen kann man durch leichtes Zusammenschieben in Längsrichtung stark aufweiten). Der CF-Schlauch wird an beiden Enden mit einer Schlaufe versehen und wie oben beschrieben unter Spannung gebracht.

Beim Kastenholm sollte der Faserwinkel des Schlauches bei 45° liegen, um die Quer- und Torsionskräfte optimal aufnehmen zu können. Der Durchmesser des CF-Schlauches muß also geringer sein als beim Rohrholm. Für einen Träger von 3×8 mm eignet sich z.B. der Schlauch Typ 1032 mit 3,2 g/m. Nach dem

Herstellung eines CFK-Kastenholmes: Zwei unidirektionale Gurte (oder Rovings) werden auf die Ober- und Unterseite eines Schaumstoffkernes geklebt und mit einem Kohlefaserschlauch umgeben. Das Ganze läßt man unter Spannung aushärten.

HLG-Leichtflügel: D-Box aus 30-g/m²-Kevlar-Laminat, Holme aus 1,4×1,4-mm-Kohleprofilen, Rippen mit Kohle-Caps kaschiert.

Aushärten erhält man einen sehr biegefesten und torsionssteifen Träger mit etwa 16 g Metergewicht.

Torsionskasten aus Aramid- oder Kohle-Laminat

Das Laminat wird aus 30-g/m²-Aramid- oder 80-g/m²-Carbonfaser-Gewebe auf einer mit Trennmittel versehenen Glasplatte hergestellt. Das Gewebe muß dabei in 45°-Richtung zur Flügellängsachse liegen, um später eine hohe Torsionssteifigkeit zu ergeben. Bei der Herstellung des Laminates sollte so wenig Harz wie möglich verwendet werden. Bei 30-g/m²-Aramid-Laminat sollte zunächst auf die Glasplatte eine hauchdünne Polycarbonatfolie aufgelegt werden, um die Porendichtigkeit zu gewährleisten. Das fertige Aramid-Laminat wiegt etwa 70 g/m². Es genügt zur Erzielung einer ausreichenden Torsionssteife, u.U. nur das Flügelmittelteil zu beplanken.

Das dünne Laminat wird zunächst auf der Flügeloberseite aufgeklebt und dann unter Erwärmung im Bereich der Flügelvorderkante (Bügeleisen) um die Nasenleiste herumgezogen. Voraussetzung zur Erzielung einer opti-

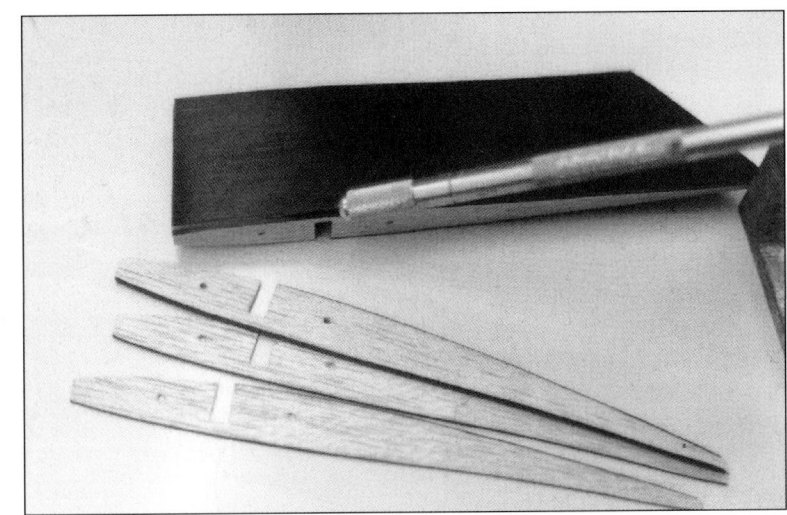

Beschichtung von Balsarippen mit CFK-Pre-pregs. Wird der Block insgesamt beschichtet, können die Rippen einzeln abgespalten werden.

malen Torsionssteife ist selbstverständlich, daß die Nasenbeplankung zu einer D-Box geschlossen ist, also noch ein senkrechter Holmsteg eingeleimt wird. Die Aramid-Haut neigt allerdings sehr leicht zum Beulen, deshalb ist ein enger Rippenabstand (maximal 1,5 cm) erforderlich.

Betrachtet man die wesentlich höhere Beulsteifigkeit von Balsaholzbeplankungen (Dichte 0,09 g/cm³), so bestehen – da in diesem Fall ein größerer Rippenabstand verwendet werden kann – kaum mehr Gewichtsvorteile für das Aramid-Laminat.

Als Leichtholme werden oben und unten Querschnitte aus 1,4×1,4 mm CFK verwendet.

Statisch wichtige Teile wie Rippen und Übergänge können mit Aramid-Gewebe oder unidirektionalen CFK-Prepregs verstärkt werden. So kann man z.B. Rippen aus 1-mm-Balsaholz herstellen und die Außenkontur mit 0,15 mm dicken und etwa 1,5 mm breiten CFK-Prepregstreifen versehen. Bringt man das Prepreg mittels Kontaktkleber bereits auf den Rippenblock auf, kann man die CFK-beschichteten Rippen mit einem scharfen Messer abspalten. Der Faserverlauf des unidirektionalen Gewebes muß allerdings genau parallel zu den Rippen ausgerichtet sein.

GFK-Positivbauweise
(nach Angaben von Volker Brill)

Styropor- bzw. Styrodurkerne werden heute mit computergesteuerten Schneidmaschinen in sehr präziser Ausführung hergestellt. Ideal ist das feingeschäumte D-Q-cell mit einer Dichte von 17 kg/m³. Die Kerne kann man wie folgt mit einem vorgefertigten Laminat beplanken.

Eine 0,8 mm dicke Astralonplatte (Bezug z.B. bei EMC-Vega, siehe Anhang, auch Polyäthylenplatte oder sogenannte Verglasungsfolie als Meterware vom Baumarkt) wird gewachst und mit Folientrennmittel behandelt, dann trägt man die Design-Lackschicht (z.B. mit Airbrush) auf. Anschließend wird Glasbzw. Aramid-/Kohlegewebe mit etwa 50 g/m² aufgelegt und mit Harz getränkt. Die Astralonplatten werden im Vakuum unter Beilage der Styro-Gegenstücke beidseitig auf den Kern gepreßt. Eine Preßvorrichtung aus Brettern und Schrauben mit Flügelmuttern ist ebenso geeignet.

Alternativ kann auch ein attraktives Seidenmalbild auf 20-g/m²-Seide in die Oberfläche mit eingelegt werden(Modell „Schleudertraum(a) III"). Das Glasgewebe selbst hat dann nur 25 g/m². Um eine spiegelglatte Oberfläche zu erzeugen, darf nicht zu

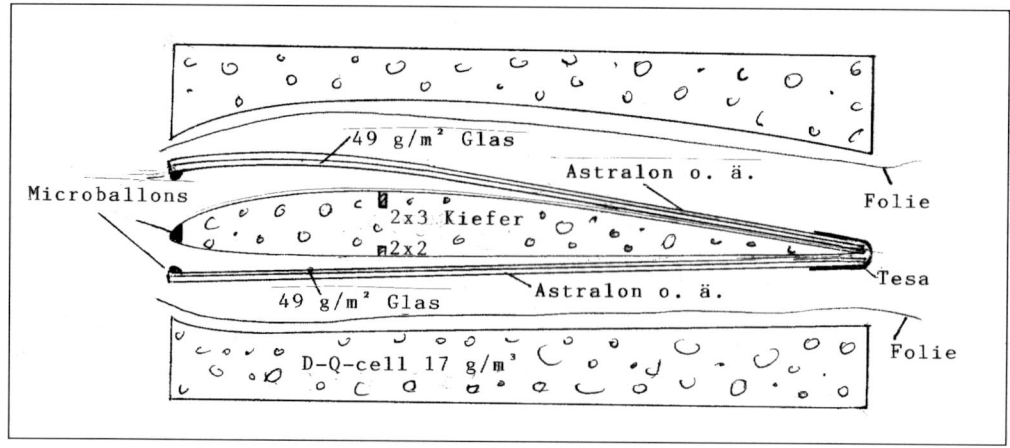

GFK-Positivbauweise (nach V. Brill)

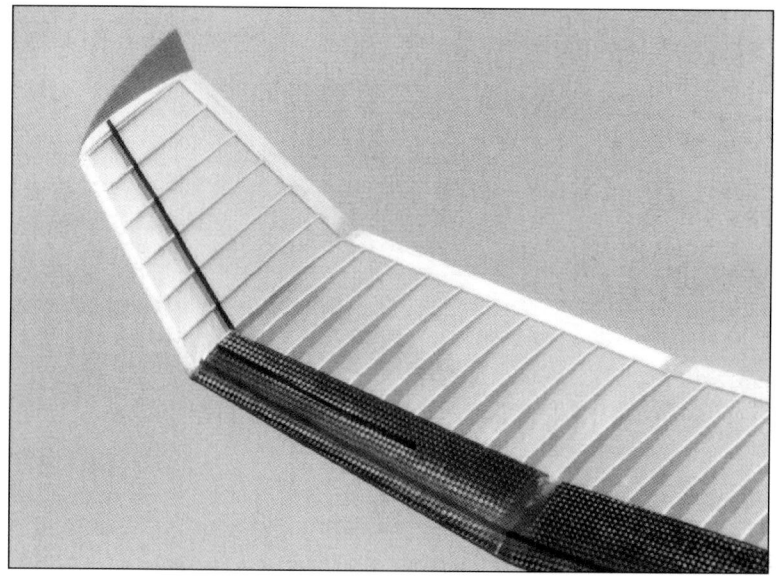

CFK-D-Box, hergestellt durch Beschichtung des Hartschaumkernes mit Laminat, das auf Astralonplatten vorbereitet wurde (Modell „Telum").

sehr an Harz gespart werden. Das Einschneiden der Holmausschnitte erfolgt mit einem Lötkolben, dessen Spitze entsprechend zugeschliffen wurde. Die Holme werden mit angedicktem Harz eingeklebt. Die Nasenleiste entsteht durch Abschneiden von ca. 5 mm Styropor an der Nase und Auffüllen mit Microballons beim Preßvorgang. Höhenleitwerke können in gleicher Weise, jedoch mit 25-g/m²-Glasgewebe

hergestellt werden. Die Abbildung zeigt einen mit dieser Methode hergestellten CFK-Torsionskasten auf Styroschaum.

Krafteinleitung Flügel–Rumpf

Die Krafteinleitung an der Verbindungsstelle Flügel–Rumpf sollte dort erfolgen, wo das Maximum der Kraft auftritt, d.h. in unmit-

Die Krafteinteilung der Tragflügelbefestigung erfolgt in der Nähe des Hauptholmes. Der GFK-Stift dient im wesentlichen nur als Führung.

telbarer Holmnähe bei etwa einem Drittel der Flügeltiefe. Beim „Acron" geht die Fügelbefestigungsschraube aus 5 mm Polyamid durch einen Hartbalsablock, der wiederum den Rohrholm umschließt. Der zweite Befestigungspunkt liegt an der Nasenleiste und besteht aus einem 3-mm-GFK-Dübel, der in eine entsprechende Bohrung am Rumpf eingreift. Damit bleibt die Endleiste unbelastet. An der Krafteinleitestelle sollte der Flügel eine genügend große Auflagefäche haben.

Tragflügel-V-Form

HLG-Tragflügel besitzen eine doppelte, dreifache oder neuerdings häufig vierfache V-Form mit steilen Flügelohren. Die Vierfach-V-Form stellt eine gute Annäherung an den parabolisch nach außen aufgebogenen Flügel dar und hat sich, wie auch die Verwendung von Winglets, beim engen Thermikkreisen sehr bewährt. Als Vorbild dienen hier wieder Wettbewerbs-Freiflugmodelle, die exzellente Kreisflugeigenschaften besitzen. Anhaltspunkte für die Größe der V-Form findet man an erfolgreichen Modellen.

Allgemein gilt:
– Zu große V-Form ergibt eine Über-Querstabilität (Modell schaukelt um die Längsachse).

– Zu geringe V-Form läßt kein sauberes Kurvenfliegen zu. Der Pilot muß in der Kurve ständig die Fluglage kontrollieren. Das Modell kreist nur träge ein und verliert im Kurvenflug viel Höhe.

Als Test für die Flügel-V-Form wird das Modell in sehr engen Kreisen bei fast voll gezogenem Höhenruder geflogen. Bei richtiger Dimensionierung der V-Form sollte die Sinkgeschwindigkeit unter 2 m/s liegen.

Tragflügel-Einstellwinkel und Einstellwinkeldifferenz

Der Einstellwinkel des Tragflügels (Winkel der Profilsehne zur Verbindungslinie Flügel–Leitwerk) sollte zur Minimierung des Widerstandes beim Wurf bei 0,5–1° liegen. Zusammen mit einer möglichst geringen Einstellwinkeldifferenz zwischen Tragflügel und Höhenleitwerk von ca. 1,5 bis 2° (also möglichst großer Schwerpunktrücklage) ergibt sich ein gerader Steigflug ohne störende Aufbäumtendenz und zugleich eine hohe Gleitflugleistung.

In der Wahl des richtigen Einstellwinkels und der zugehörigen Schwerpunktlage liegt das eigentliche Geheimnis für die große Geschwindigkeitsdynamik des Wurfseglers.

Winglets

Wegen der Spannweitenbegrenzung beim HLG auf 1,5 m ist es sinnvoll, an den Tragflü-

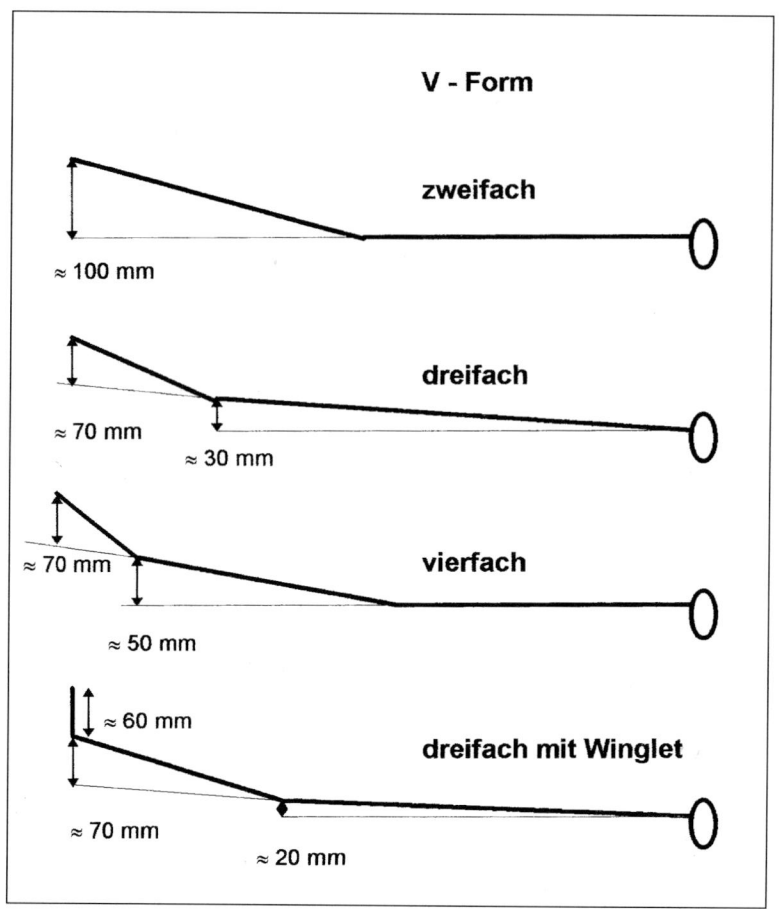

V - Form

zweifach

≈ 100 mm

dreifach

≈ 70 mm

≈ 30 mm

vierfach

≈ 70 mm

≈ 50 mm

≈ 60 mm

dreifach mit Winglet

≈ 70 mm

≈ 20 mm

Für den engen Kreisflug bewährte V-Formen

gelenden Winglets anzubringen. Winglets reduzieren den induzierten Widerstand zugunsten einer Auftriebs- bzw. Vortriebserhöhung. Wegen der relativ kleinen Streckungen beim HLG-Modell sollten sie – zumindest theoretisch – eine Leistungsverbesserung erbringen. Nach Untersuchungen von Dr. Zimmer haben sie jedoch nur etwa die Wirkung einer Erhöhung der Halbspannweite um die Hälfte der Winglethöhe. Sie sind also nur halb so wirksam wie eine entsprechende Spannweitenerhöhung. Im Kreisflug liefern sie ein erwünschtes stützendes Moment um die Längsachse.

Etwa 20 % der Wettbewerbsmodelle sind heute bereits mit Winglets ausgerüstet. Eine gute Darstellung über Form und Wirk-

Regeln für Winglets:

– Winglethöhe und -breite etwa 60% der Flügeltiefe
– Pfeilung der Vorderkante etwa 30°
– Winglet steht senkrecht zur Spannweitenrichtung, d.h. zur Querachse des Modells
– Profilierung wie Tragflügelprofil, jedoch etwas dünner (entsprechend der reduzierten Re-Zahl)
– Die Profilsehne des Wingletprofils liegt etwa parallel zur Flugrichtung (die gewölbte Seite zeigt zum Rumpf hin)

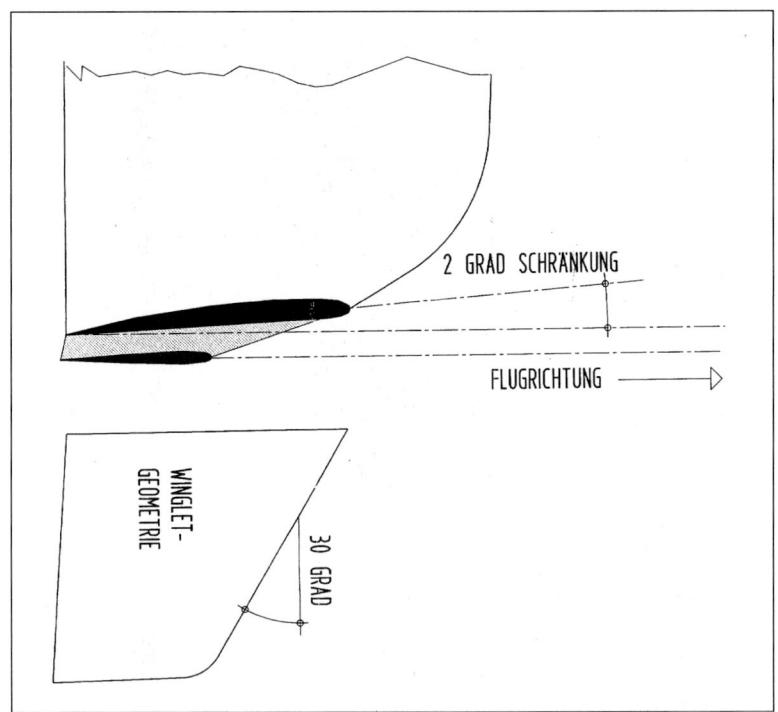

2 GRAD SCHRÄNKUNG

FLUGRICHTUNG

WINGLET-GEOMETRIE

30 GRAD

Winglets der „Gypsy 6"

samkeit von Winglets findet sich in FMT 6/95 von Dr. C. Baron. Die Abbildung zeigt die typische Ausführung eines Winglets an einem HLG-Modell („Gypsy 6").

Wichtig: Da Winglets das Trägheitsmoment des Flügels um die Längsachse erhöhen, müssen sie in extremer Leichtbauweise ausgeführt werden, zugleich aber sind sie sehr bruchgefährdet. Dies spricht eher gegen einen Routineeinsatz im Wettbewerb. Die stützende Wirkung im Kurvenflug läßt sich auch durch eine Mehrfach-V-Form erreichen. Insgesamt ist der erzielte Leistungsgewinn nicht so deutlich, daß sie ein absolutes „Muß" für das Wettbewerbsmodell darstellen.

Leitwerke

Höhen- und Seitenleitwerk werden beim HLG häufig als ebene Platten hergestellt. Hierbei sollte leichtes Quartergrain-Balsa (Schuppenbalsa) mit einem spezifischen Gewicht von 0,1 g/cm³ verwendet werden. Eine Materialdicke von 2 bis 3 mm ist völlig ausreichend. Eine weitere Gewichtsreduzierung kann durch kreis-/ellipsenförmige Ausschnitte oder Fachwerkbauweise erfolgen. Die diagonalen Elemente bei der Gitterbauweise erhöhen die Torsionssteife.

Auf keinen Fall sollte ein Leitwerksgesamtgewicht von 20 g (für Höhen- und Seitenleitwerk zusammen) überschritten werden, da sonst eine erhebliche Menge Ballast in der Rumpfspitze erforderlich ist. Man bedenke: Jedes Gramm Leitwerk kostet 3 g mehr in der Rumpfspitze, bedeutet also eine Zunahme des Gesamtgewichtes um insgesamt 4 g!

Leitwerke in Gitterkonstruktion haben gegenüber vollen Platten folgende Vorteile:
– Das Gewicht kann auf die statisch wichtigen Teile konzentriert werden.
– Die Holme können nach außen verjüngt werden.

V-Leitwerk in Gitterbauweise mit CFK-verstärkten Holmgurten. Das Fertiggewicht beträgt 13 g (Modell „Acron 2").

Verdeckte Anbringung der Ruderhörner

– Durch Einfügen diagonaler Strukturen erhält man eine bessere Verwindungssteifigkeit.

In der Abbildung wird die Konstruktion eines V-Leitwerkes in Gitterbauweise gezeigt, das wahlweise auch steckbar ausgeführt werden kann. Vorteil ist eine leichte Abnehmbarkeit zum Transport (Modellkiste, Rucksack usw.). Das gezeigte steckbare Gitterleitwerk wiegt im Rohbau 10 und bespannt 13 g.

Zur Ansteuerung eignen sich Ruderhebel, die praktisch hinter dem Rohrquerschnitt des Rumpfes verschwinden und damit keinen Zusatzwiderstand darstellen. Die Ruderhebel müssen aus GFK oder Aluminium selbst angefertigt werden, da sie käuflich in dieser Form nicht zu erwerben sind. Wahlweise kann man sie auch aus 0,6- oder 0,8-mm-Stahldraht herstellen, wobei das Auge zur Aufnahme der Schubstange durch Umwickeln eines entsprechend dicken Stahldrahtes entsteht.

Wegen des abnehmbaren Leitwerkes müssen auch die Steuerstangen aus 0,6-mm-Stahl abnehmbar sein. Diese werden zu diesem Zweck am Ende gekröpft, so daß sie sich beim Wurf usw. nicht selbständig aus dem Ruderhorn herausschieben können (siehe die Abbil-

Höhenleitwerksgröße

Zur Bemessung der Höhenleitwerksfläche kann das sogenannte Höhenleitwerksvolumen herangezogen werden:

$$V_H = F_H \times r_H / (F \times t)$$

F_H = Leitwerksfläche
r_H = Höhenleitwerkshebel (Abstand der 25%-t-Punkte von Flügel und Höhenleitwerk)
F = Flügelfläche
t = Flügeltiefe

V_H sollte bei einer Schwerpunktlage von ca. 38 %, wie wir sie am HLG vorfinden, etwa 0,45 betragen.
Dies ergibt bei üblicher Auslegung eine Höhenleitwerksfläche von etwa 15 % der Flügelfläche (bei V-Leitwerken 20–25 % Zuschlag wegen des V-Winkels von ca. 115°).
Die Klappentiefe sollte 20–25 % der Leitwerkstiefe sein.

Seitenleitwerksgröße

Das Seitenleitwerk muß im Hinblick auf eine gute Manövrierfähigkeit um die Hochachse reichlich groß bemessen sein. Standardwert bei 1,5 m Spannweite sind etwa 6–8 % der Flügelfläche.
Bei V-Leitwerken wird die projizierte Seitenleitwerksfläche einer Hälfte genommen und diese mit dem Faktor 1,6 (nicht 2) multipliziert. Der Faktor 1,6 berücksichtigt die verminderte Wirksamkeit des V-Leitwerks durch Interferenz bzw. Schräganströmung.
Das sogenannte Seitenleitwerksvolumen

$$V_s = F_s \times r_s / (F \times s)$$

F_s Seitenleitwerksfläche
F Flügelfläche
r_s Seitenleitwerkshebelarm gerechnet vom Schwerpunkt bis zur 25%-Marke
s Halbspannweite

sollte bei Segelflugmodellen dieser Größe 0,040–0,045 betragen.

Beispiel für das Modell „Äktsch'n feif":

F_s $= 0,1 \times 0,095 \times 1,6 = 0,015 \ m^2$
F $= 0,237 \ m^2$
r_s $= 0,5 \ m$
s $= 0,74 \ m$
V_s $= 0,042$

dung im Abschnitt „Ruderanlenkung"). Nachfolgend werden Vor- und Nachteile der einzelnen Leitwerkstypen aus praktischer Sicht zusammengestellt.

Normalleitwerk
Gute flugmechanische Eigenschaften infolge Tieflage des Höhenleitwerks. Höhenleitwerk bei Bedarf demontierbar (kann auf den Rumpf geschraubt werden wie beim vth-Bauplanmodell „Tricep"). Eventuell Gefährdung des Höhenleitwerks bei Landungen im hohen Gras.

Kreuzleitwerk
Mehr Bodenfreiheit. Gute Flugmechanik. Anlenkung des Höhenleitwerks ist schwieriger. Statik (Biege- und Torsionsbelastung des Seitenleitwerks) ist ungünstiger.

T-Leitwerk
Gute Bodenfreiheit. Schlechte Statik (Biegebeanspruchung des Seitenleitwerks und Torsionsbeanspruchung des Rumpfes). Flugmechanik ungünstiger (Überziehverhalten wird u.U. verschlechtert, da Leitwerk beim Überziehen in die Wirbelschleppe des Flügels gerät).

V-Leitwerk

Leichte Anlenkbarkeit. Pendel-V-Leitwerk unbedingt vermeiden (wegen Strömungsabrissen)! Ansonsten bei Verwendung von Klappen-Leitwerken befriedigende Flugmechanik. Gute Optik. Bodenfreiheit ist gewährleistet. Der V-Winkel sollte nicht unter 115° liegen.

Ruderausschläge

Bereits im Abschnitt über die Aerodynamik wurde erwähnt, daß die Ruderausschläge zur Widerstandsminimierung begrenzt werden müssen. Ein voller Ausschlag von z.B. 30° wirkt beim HLG wie eine Bremsklappe. Die Vollausschläge von Seiten- und Höhenruderklappen sollten daher 15° nicht überschreiten.

Rumpfbauweisen

Bei den Rümpfen unterscheidet man im wesentlichen zwischen der klassischen Holz- und der GFK-Bauweise.

Holzrümpfe bestehen oft aus einem rechteckigen Balsakasten, wie z.B. bei den meisten Bausatzmodellen (Benny, Disco usw.). Leider wird hier immer wieder übersehen, daß die Festigkeit im Bereich der Tragflügelauflage und im Bereich der Rumpfnase besonders hoch sein muß. Risse lassen im rauhen Flugbetrieb dann nicht lange auf sich warten. Deshalb ist es besser, Rumpfvorderteile aus einem 0,6-mm-Sperrholz/1,5-mm-Balsa-Verbund zu fertigen. Sie ergeben zusammen mit einen CFK-

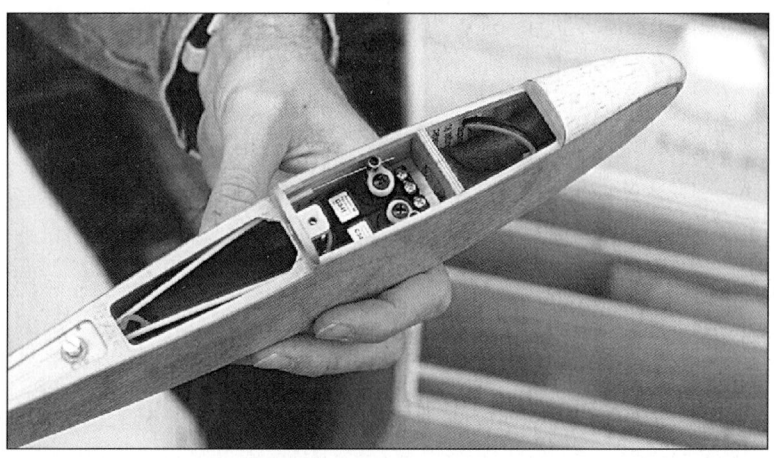

Rumpfkeule aus 0,6-mm-Sperrholz mit 1,5-mm-Balsa laminiert

Die GFK-Rümpfe wiegen ca. 45–50 g.

Rohr als Leitwerksträger leichte und optisch sehr schöne Rümpfe (z.B. Modell „Hip-Hop").

GFK-Rümpfe sind inzwischen von diversen Herstellern erhältlich (siehe Anhang „Bezugsquellen") und bestechen durch ihre aerodynamisch meist sehr ausgeklügelten Formen. Das Rumpfgewicht sollte nicht über 50 g liegen. Leitwerksträger aus CFK-Rohren sollten bei 50 cm Länge nicht mehr als 12 g wiegen. Auch bei den GFK-Rümpfen muß auf Verstärkungen an den kritischen Stellen (Rumpfvorderteil, Tragflügelauflage, Fingerloch) geachtet werden. An festigkeitsmäßig kritischen Stellen werden meist Kohle-Rovings eingelegt. Um eine entsprechende Griff-Festigkeit zu erlangen, müssen die ultraleichten GFK-Rümpfe durch Einsetzen von Spanten unterhalb des Flügels ausgesteift werden.

Zerlegbarkeit

Nicht selten ist es erwünscht, den HLG so klein wie möglich zu verpacken. Bei Reisen mit der Bahn oder dem Fahrrad ist dies von Vorteil, aber auch bei Wanderungen, wo das Modell im Rucksack Platz finden soll.

Beim Tragflügel sollte deshalb eine drei-

teilige Konstruktion mit steckbaren Ohren angestrebt werden. Als Steckverbindung eignet sich eine selbst hergestellte CFK-Zunge oder auch Aluminum-Stricknadeln mit 4 mm Dicke (System P. Berghoff). Insbesondere sind CFK-Rohrholmflügel für eine Steckverbindung prädestiniert.

Der Leitwerksträger von Rümpfen kann abnehmbar ausgeführt werden, wenn die Schubstangen mit Hilfe von Druckknöpfen teilbar sind (System W. Stark).

Ein abnehmbares und in die Ebene klappbares V-Leitwerk zeigt die nächste Abbildung. Das Leitwerk besitzt auf der Unterseite ein Tesafilm-Scharnier und wird mit zwei Polyamidschrauben (3 mm Durchmesser) in die auf den Rumpf geleimte keilförmige Sperrholzauflage gedrückt.

Materialien, Gewichtsbilanz

Um das Gesamtgewicht möglichst gering zu halten, muß das Baumaterial sorgfältig ausgesucht werden. Balsaholz z.B. sollte man nur mit einer entsprechenden Waage einkaufen. Leider ist oft auch in Bausätzen viel zu schwe-

Steckbares Flügelohr mit Verbindung aus Stahldraht in Aluhülse/Rohrholm. Alternativ ist auch ein 4-mm-Alustab (Stricknadel) möglich.

In die Ebene klappbares V-Leitwerk

res Balsaholz enthalten, so daß das Fluggewicht schließlich erheblich über dem angestrebten Wert liegt. Grundsätzlich sollte für einen 1,5-m-HLG ein Fluggewicht von etwa 300 g angestrebt werden.

Gewichtsbilanz für ein HLG-Modell (Orientierungswerte)

Rumpf mit Verstärkungen	70 g
Leitwerke (bespannt)	20 g
Tragflügel (unbespannt)	100 g
Tragflügel (bespannt)	120 g
Empfänger	15 g
2 Servos à 18 g	36 g
Akku 110 bzw. 150 mAh	30–40 g
Gesamtgewicht	ca. 310 g

Einbau der RC-Anlage

Naturgemäß kommen beim Wurfsegler aus Gewichtsgründen nur Mini- und Mikrokomponenten zum Einsatz. Mit dem Gewicht sollte man jedoch nicht zu sehr geizen, wie im jeweiligen Abschnitt erläutert wird.

Empfänger

Bei Mikroempfängern leidet infolge der geringeren Zahl der Trennstufen häufig die Störsicherheit, insbesondere wenn in der Nähe von stärkeren UKW-Sendern geflogen wird. Auch muß bedacht werden, daß im Wettbewerb bis zu acht Sender gleichzeitig einge-

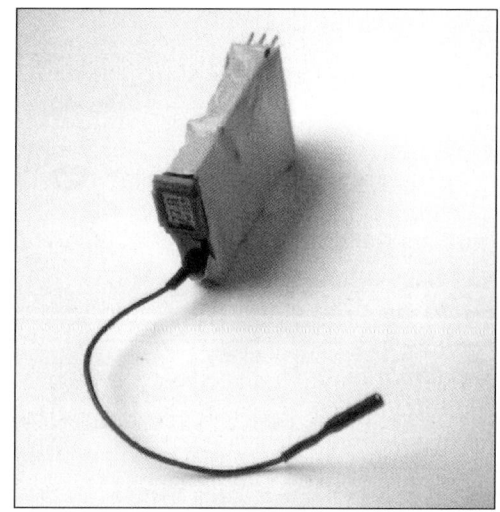

Ein Schrumpfschlauch ersetzt das Empfängergehäuse.

schaltet sind und auch in geringer Höhe überflogen werden. Ein hochwertiger Empfänger wiegt derzeit noch mindestens 15 g.

Beispiele für Mikro-RC-Empfänger: Graupner C 12; Robbe-Futaba PF/R 115F; Webra Micro; Simprop Pico 2000; Multiplex Mini 7, Micro 5/7; Eckardt Nanoempfänger usw. Durch Entfernung des Gehäuses und der Kunststoffassung des Quarzes können bis zu 11 g eingespart werden (z.B. C 12). Ersatzweise wird der Empfänger in einen Schrumpfschlauch eingeschrumpft.

Servos

Bei Servos kostet jedes Gramm weniger bis zu 10,- DM mehr. Das Kunststoffgetriebe wird bei kleinerem Gewicht immer empfindlicher und die Servos immer anfälliger. Eine günstiger Kompromiß liegt hier bei 12–18 g. Beispiele für Mikro-Servos:

Masse 12–14 g: Becker S 100; Jamara Super Micro; Cannon (Eckardt)

Masse 17–19 g: Jamara Micro Nr. 1; Graupner C 341; Robbe-Futaba S 5102; Multiplex Pico-BB; Volz Micro-Star; Diamond-Micro; Hitec HS 80

Um die Rumpfhöhe zu reduzieren, sollten die Servos möglichst niedrige Bauform haben.

Akkus

Es macht wenig Sinn, einen möglichst leichten Akku zu verwenden und dafür Blei in den Rumpfkopf zu packen. Bei Normalmodellen kann man einen 250-mAh-Akku mit ca. 50 g gewichtsmäßig meist gut verkraften, wobei die Reserven für ca. 2,5 Stunden Flugzeit ausreichen.

Wettbewerbspiloten benutzen vorwiegend 110- bzw. 150-mAh-Akkus mit 30 bzw. 40 g und rund einer Stunde Flugreserve.

Servoeinbau

Der Einbau der Servos erfolgt in der Regel vor dem Tragflügel stehend neben- bzw. hintereinander. Da die Rümpfe nur wenig breiter sind als die Servos, kann man diese mit Silikonpaste oder Doppelklebeband auch an die Rumpfseitenwand kleben (Vorsicht, Doppelklebeband kann bei Hitze weich werden, eine zusätzliche Sicherung ist unbedingt erforderlich!).

In der Abbildung sieht man noch eine völlig andere Einbauvariante: Hier wurden Empfänger und Servos liegend im Tragflügel eingebaut.

Auch die Antenne wurde gleich mit in den Flügel integriert.

Vergleich von Mikro-Servos verschiedener Bauhöhe

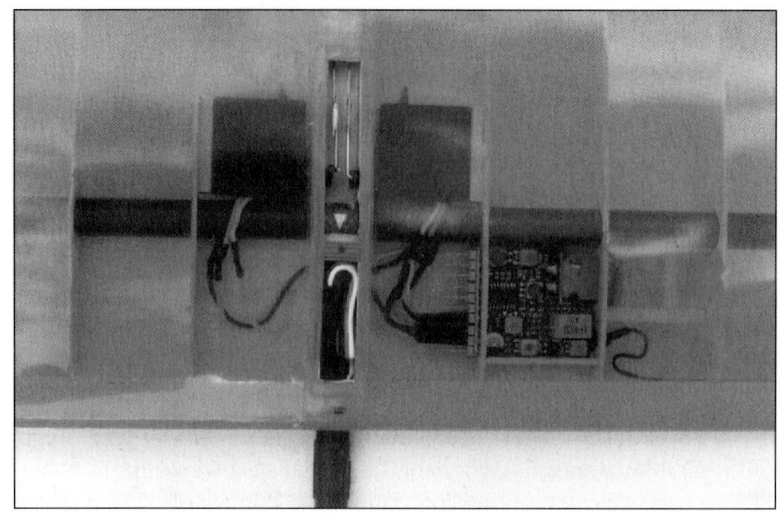

Beispiel für den Einbau der RC-Anlage (zwei Mikro-Servos, C-19 Empfänger) im Flügelmittelteil

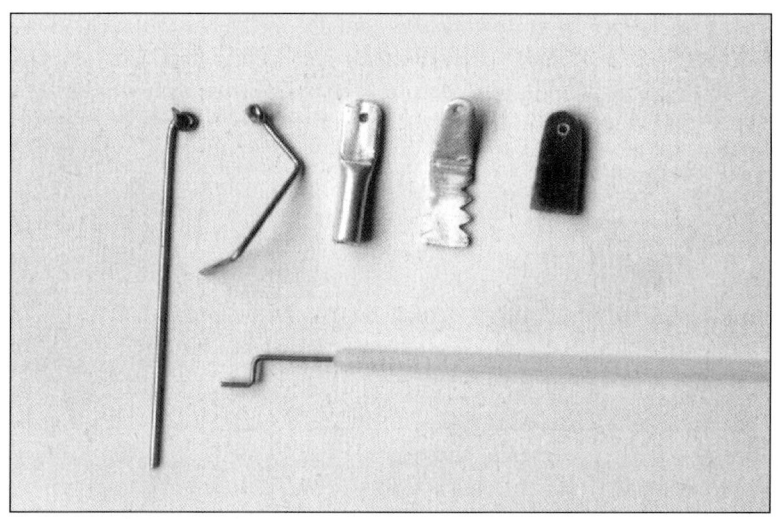

Miniatur-Ruderhebel im Eigenbau aus (v.l.n.r.): 0,8-mm-Stahldraht, 3-mm-Alu-Rohr (plattgedrückt), 1-mm-Alublech, GFK-Leiterplatte. Unten sieht man das gekröpfte Ende der 0,6-mm-Stahldraht-Schubstange.

Ruderanlenkung

Als Schubstange hat sich 0,6-mm-Stahldraht bewährt, der in den handelsüblichen Nylon-Bowdenzug-Röhrchen (Innendurchmesser 0,8 mm) läuft. Die Ruderhörner muß man sich aus GFK oder Alu selbst herstellen, da die handelsüblichen in der Regel viel zu groß sind. Gelegentlich bekommt man auch kleine Ausführungen zu kaufen, z.B. von KDH. An den Leitwerksanlenkungen wird der Stahldraht stufenförmig gebogen (gekröpft), so daß er aus

den Ruderhörnern nicht herausrutschen kann. Ein Gabelkopf wird normalerweise aus Gewichts und Platzgründen nicht verwendet.

Am Servo-Hebel hat sich die handelsübliche Schubstangenbefestigung (Klemmbüchse mit Inbusschraube und Sicherungsmutter) zum Klemmen der Schubstange gut bewährt (Graupner Best.-Nr. 1177). Sie kann mit Hilfe der Inbusschraube schnell gelöst und die Schubstange in der Länge verstellt werden. Wegen der besseren Klemmung sollte die 0,6-mm-

Schubstange im Bereich der Stiftschraube mit einer Löthülse aufgedickt oder ein Stück 1-mm-Stahldraht angelötet werden.

Antennenverlegung

Eine Außenantenne ist aus verschiedenen Gründen beim HLG nicht zweckmäßig. Die Empfängerantenne sollte daher in jedem Fall innerhalb des Rumpfes bzw. des Flügels verlegt werden. Empfehlenswert ist es, die Antenne fest einzubauen und den Empfänger mit einer Steckverbindung aus Gold-Miniatursteckern zu versehen. Am Empfänger bleibt dann nur ein ca. 10 cm langes Antennenstück mit Buchse. Die Antennenverlegung im Flügel hat den Vorteil, daß beim Wegfliegen des Modells

vom Werfer (worst-case-Bedingung) maximale Empfindlichkeit des HF-Empfanges gewährleistet ist, da die Antenne quer zur Empfangsrichtung steht.

Prinzipiell ist es auch möglich, als Antenne eine der vorher erwähnten 0,6-mm-Stahlschubstangen zu benutzen. Da HLGs aus Sichtgründen in der Regel nicht weiter als 300–500 m vom Sender entfernt sind, gibt es normalerweise keine Schwierigkeiten. Entgegen allgemeinen Warnungen hatte der Autor bei der Verlegung der Antenne in CFK-Leitwerksträgern ebenfalls noch keine Probleme, wenn die Antenne am Anfang und am Ende aus dem Rohr herausragt, also nicht vollständig abgeschirmt ist.

Mikro-Servos mit Schubstangen-Klemmung System „Graupner". Links ist die Antennenzuführung an einer Schubstange angelötet. Diese dient gleichzeitig als Emfangsantenne.

Einfliegen und Flugtaktik

Einfliegen

Die genaue Festlegung der Schwerpunktlage ist das A und O des HLG-Leistungsfliegens.

Beim Einfliegen von Wurfseglern hat man bei vorgegebenen Modellumrissen im wesentlichen zwei Faktoren aufeinander abzustimmen:

– die Schwerpunktlage
– die Einstellwinkeldifferenz (EWD)

Die Einstellwinkeldifferenz ist der Winkel zwischen den Profilsehnen von Flügel und Leitwerk.

Die beiden Größen EWD und Schwerpunktlage sind miteinander verkoppelt, d.h.:

– je höher die EWD, d.h. der negative Einstellwinkel des Höhenleitwerks, desto mehr muß der Schwerpunkt nach vorne verlagert werden und umgekehrt
– je weiter der Schwerpunkt zurückverlagert wird, desto geringer muß die EWD sein

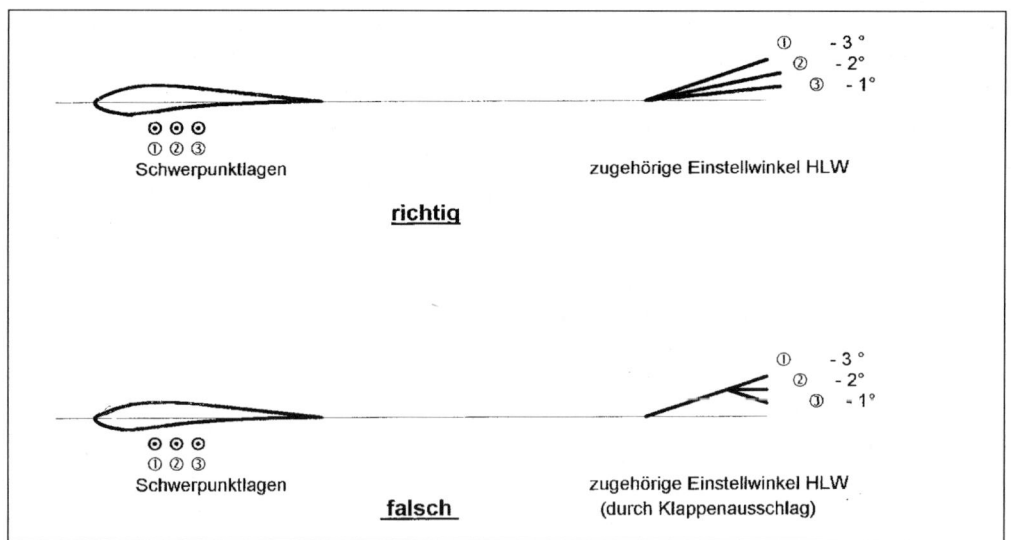

Schwerpunktlage und zugehöriger Einstellwinkel des Höhenleitwerks. Falsch ist es, die Trimmung für den Horizontalflug mit stärkerem Klappenausschlag des Höhenruders zu erreichen.

Nun müssen natürlich bestimmte Grenzen eingehalten werden. Diese sind wie folgt gegeben:

- Maximale Schwerpunktrücklage: Das Modell neigt zu Anstechen bzw. Unterschneiden. Steuerbewegungen des Höhenleitwerks werden nicht mehr präzise, sondern nur ruckhaft angenommen. Der Schwerpunkt liegt dann kurz vor dem sogenannten Neutralpunkt des Modells. Er sollte in diesem Fall schleunigst wieder um einige Millimeter nach vorne verlegt werden.
- Maximale Schwerpunktvorlage: Das ist derjenige Punkt, bei dem das Leitwerk im Gleitflug gerade keinen Auftrieb bzw. Abtrieb liefert. Er liegt bei etwa 35 % der Flügeltiefe. Zwar sind Schwerpunktvorlagen bis 25 % denkbar, das Höhenleitwerk muß dann im Gleitflug ständig Abtrieb liefern. Diese Modellauslegung ist nur sinnvoll, wenn das Leitwerk ein Abtriebsprofil (umgekehrtes Auftriebsprofil) besitzt.

Die in der Praxis mögliche Schwerpunktlage ist beim Normal-HLG auf einen Bereich von 35 bis 40 % eingeschränkt. Der häufigste Wert bei normaler Modellauslegung liegt bei 37–38 %. Dieser Wert kann zunächst als Orientierung benutzt werden. Die Feinjustierung des Schwerpunktes erfolgt ausschließlich durch Flugerprobung.

Der Schwerpunkt wird jeweils festgelegt und die EWD (d.h. der Einstellwinkel des Höhenleitwerkes bzw. des Flügels) danach so eingestellt, daß das Modell bei optimalem Gleitflug keinen Ruderausschlag benötigt (das Leitwerk muß dazu u.U. gelöst und neu befestigt werden).

Mit dieser Einstellung werden die Flugeigenschaften getestet. Sollten sie nicht befriedigend sein, muß der Schwerpunkt neu festgelegt und die EWD (d.h. der Einstellwinkel des unausgeschlagenen Höhenleitwerks) dazu neu eingestellt werden.

Grundsätzlich versucht man bei einen Wurfsegler, den Schwerpunkt möglichst zurückzuverlegen, und zwar aus folgenden Gründen:
Eine größere Schwerpunktrücklage hat zwangsläufig zur Folge, daß die EWD geringer wird. Hierdurch wird einerseits der Widerstand im Steigflug reduziert und andererseits die Aufbäumtendenz bekämpft, d.h., im Idealfall steigt das Modell nach dem Abwurf auf einer geraden Linie. Jedoch Vorsicht bei Schwerpunktrücklagen, die über 40 % hinausgehen!

Auf keinen Fall ist es zulässig, den besten Gleitflug mit einem ständigen Ruderausschlag zu erzielen. Erfolgt der beste Gleitflug mit stärker ausgeschlagener Ruderklappe, kann es bei zusätzlichen Steuerausschlägen zum Strömungsabriß kommen. Darüber hinaus ist der Widerstand des Leitwerks mit ausgeschlagener Klappe im Normalflug erhöht.

Beim Pendel-Höhenleitwerk hat man diesbezüglich keine Probleme. Hier läßt sich die EWD problemlos verändern.

Klappenleitwerke müssen zur Änderung der EWD – wie oben schon erwähnt – gegebenenfalls vom Rumpf gelöst und neu aufgeleimt bzw. befestigt werden. Alternativ kann auch der Einstellwinkel des Flügels verändert werden.

Wann muß man die Schwerpunktlage korrigieren?

- Der Schwerpunkt befindet sich zu weit vorn: Das Modell neigt im Steigflug zum Aufbäumen (Loopingtendenz). Nach Sturzflug und Loslassen der Steuerknüppel schießt es senkrecht in die Höhe und verstärkt seine Pumpbewegungen.
- Der Schwerpunkt befindet sich zu weit hinten: Das Modell hat eine gewisse Eigen-

willigkeit (beharrendes, stures Verhalten um die Querachse mit Neigung zum Unterschneiden).

Der Steigflug erfolgt absolut gerade, das Modell geht jedoch nach dem Übergang in den Gleitflug auf die Nase und läßt sich kaum abfangen. Nach Sturzflug und Loslassen des Knüppels behält das Modell seine Sturzflugtendenz weiter bei (keine oder nur geringe Abfangtendenz, häufig mit Flügelflattern begleitet). Im Gleitflug kann das Modell um die Querachse schlecht kontrolliert werden, es sticht häufig ohne erkennbaren Grund an.

– Der Schwerpunkt hat die richtige Lage: Das Modell zeigt einen geradlinigen Steigflug mit nur leichter Aufbäumtendenz. Es läßt sich nach einem Strömungsabriß schnell abfangen. Eine Kontrolle mit dem Höhenruder ist im normalen Gleitflug nicht erforderlich.

Fehlerquelle bei Bausatzmodellen

Bei Bausatzmodellen ist der Schwerpunkt in der Regel angegeben und sollte annähernd eingehalten werden. Durch geringe Materialungenauigkeiten und Baufehler, die sich auf den Einstellwinkel von Flügel oder Leitwerk auswirken, ergeben sich u.U. vom Plan abweichende Schwerpunktlagen. In diesem Fall ist unbedingt die Einstellwinkeldifferenz zu überprüfen. Dies kann mit einer EWD-Waage oder einem Neigungsmesser erfolgen. Zur Not tut es auch eine normale Wasserwaage.

Flugtaktik

Allgemeines

Über die Wettbewerbstaktik wurde im Abschnitt „Wettbewerbe" schon einiges gesagt. Über das „thermiktaktische" Fliegen kann man vieles in speziellen Büchern nachlesen, z.B. im „Thermikbuch für Modellflieger" (FB 2044) oder im „Freiflug-Modellsport" (MTB 16), beide im Verlag für Technik und Handwerk. Das Thermikfliegen lernt man dagegen nur auf dem Flugfeld und mit nichts anderem so gut wie mit einem Wurfsegler! Hier heißt es üben, üben, üben! Das richtige Gefühl erhält man in der Regel erst nach einigen hundert Starts.

Am besten eignet sich sonniges, windschwaches Wetter, bei dem man in regelmäßigen Abständen thermische Ablösungen erwarten kann.

Der Wurfsegler zeigt durch seine geringe Massenträgheit kleinste Auf- und auch Abwinde an. Ein Getreidefeld, eine Waldkante, eine kleine Böschung – und schon hebt der muntere Vogel die Nase und zeigt an: „hier einkreisen!" Auch der Großmodellflieger wird hier erst einmal das richtige Gefühl für die Thermik erwerben. Mit einem guten Wurf hat man eine Ausgangshöhe von 15 bis 18 m zur Verfügung und kann damit eine Strecke von ca. 250 m nach Thermik absuchen.

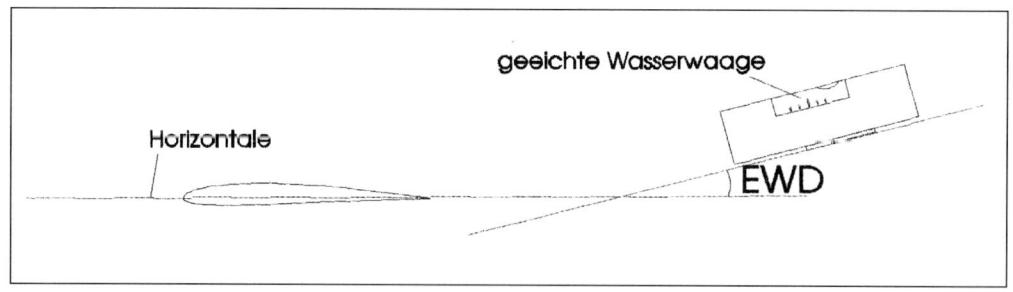

Messung der EWD: Zunächst bringt man die Flügel-Profilsehne in die Horizontale. Dann legt man eine kalibrierte Wasserwaage auf das Leitwerk. Anhaltswert für die Kalibrierung: 1 cm Steigung auf 60 cm Länge entspricht 1°.

Thermiksuche bei schwachem Wind

In der Regel fliegt man geradeaus gegen den Wind, bis das Modell unruhig wird oder einen Flügel hebt. Und dort heißt es einkurven! Bringt das keinen Höhengewinn, dreht man einen Kreis in der anderen Richtung. Doch Vorsicht, nicht zu eng fliegen! Weite, weiche Kreise ergeben einen geringeren Verlust an kostbarer Höhe. Abwindgebiete verläßt man dagegen so schnell und höhensparend wie möglich, indem man das Modell auf bestes Gleiten trimmt und im Geradeausflug ein anderes Gebiet ansteuert.

Von einem kleinen Hang aus läßt sich das Verhalten des Modells am besten kontrollieren, da man es von der Seite sieht und kleinste Sink-/Steigtendenzen sofort erkennt. Dabei gilt immer die alte Regel: Wo es runtergeht, geht es auch rauf! Das heißt, absinkende Luft zeigt an, daß in der Nähe ein Thermikbart steht. Gebiete, in denen der Wind nachläßt, sind thermikverdächtig. Also bitte auch mal über dem Startplatz probieren, wenn dort gerade Windstille oder abflauender Wind herrscht!

Bei absoluter Windstille fliegt man die Höhe in großen Kreisen ab. Dabei wird das Modell soweit möglich „ausgehungert", d.h. etwas auf Höhe getrimmt, so daß das optimale c_a erreicht

wird. Damit erzielt man die längsten Gleitflugzeiten. Doch Vorsicht, in diesem ausgehungerten Zustand ist das Modell sehr empfindlich gegenüber Störungen um die Querachse und kann jederzeit abkippen. Man muß den Punkt des Strömungsabrisses für sein Modell genau kennen und die Trimmung dann wieder etwas zurücknehmen.

Tips für stärkeren Wind
Auffangen des Modells

Bei stärkerem Wind ist das im Wettbewerb wichtige Auffangen des Modells eine eher schwierige Übung. Nach einschlägigen Erfahrungen des Autors kann man wie folgt vorgehen.

Niemals seine eigene Standlinie zur Leeseite hin überfliegen! Das Fangen des Modells gelingt am besten bei seitlichem Schieben des Modells entlang der Standlinie (Linie senkrecht zum Wind), indem man den Schiebewinkel durch mehr oder weniger Seitenruder dosiert. Entsprechend dem Schiebewinkel kommt das Modell besser gegen den Wind an oder driftet mehr seitwärts. Dies kann mit Übung so fein dosiert werden, daß sich das Modell dem Werfer sehr langsam nähert und mühelos aufgefangen werden kann. Gerät das Modell über

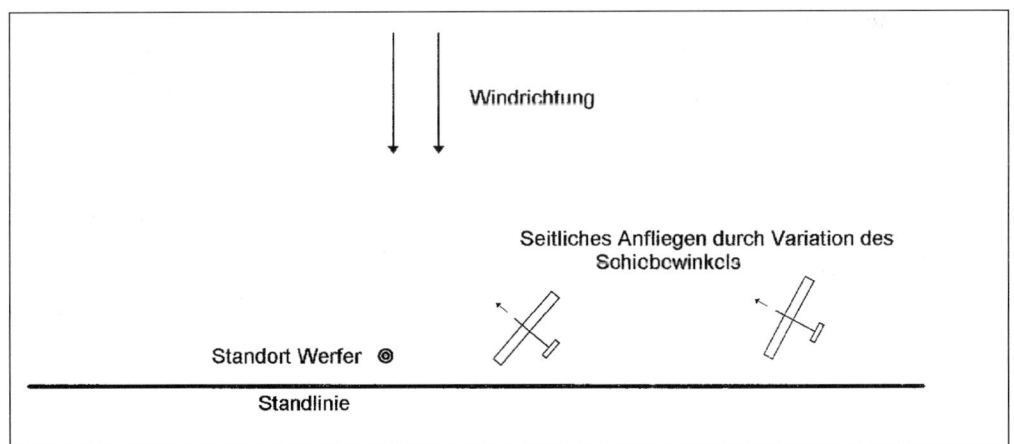

Seitliches „Andriften" durch Schiebeflug ermöglicht ein Auffangen des Modells auch bei stärkerem Wind.

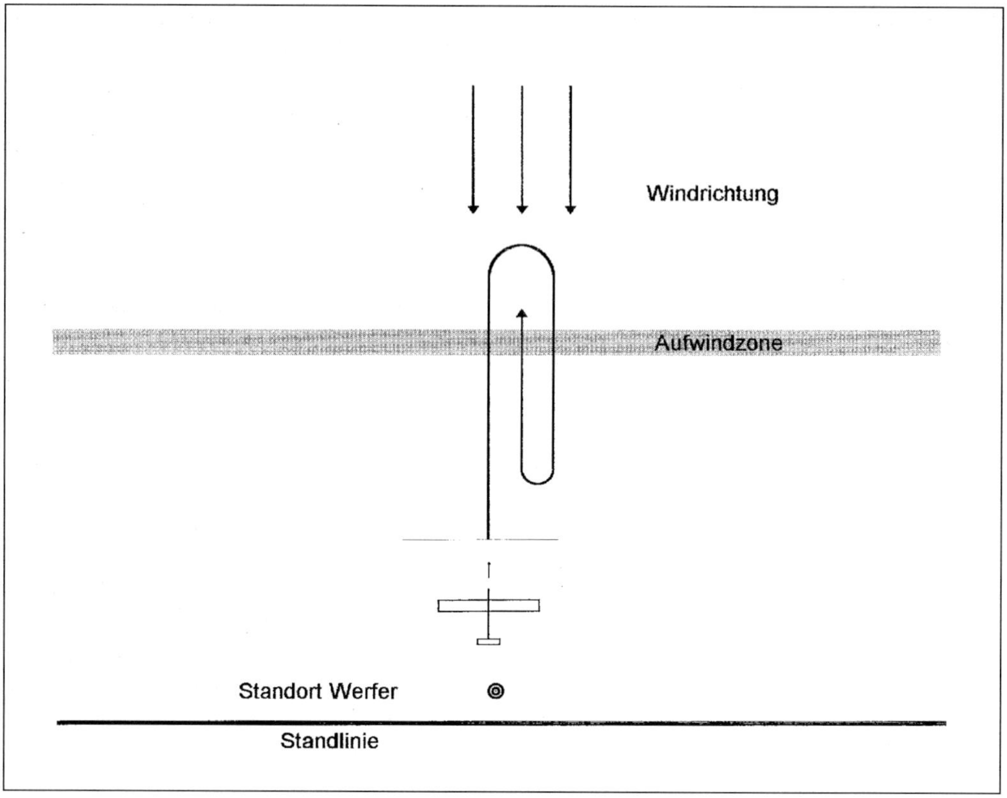

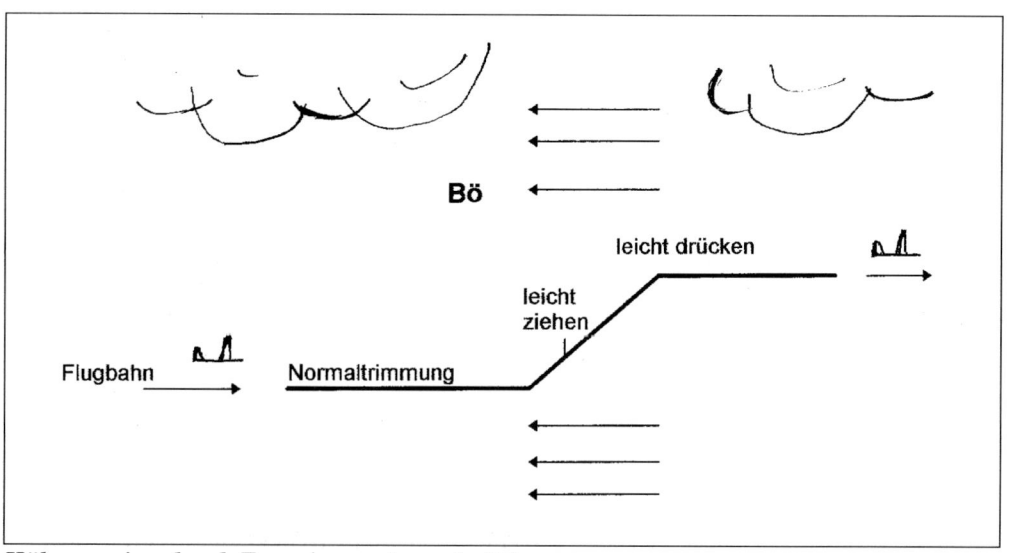

Windrichtung

Aufwindzone

Standort Werfer

Standlinie

Mehrfaches Durchfliegen einer Aufwindzone bei stärkerem Wind

Bö

leicht drücken

leicht
ziehen

Flugbahn

Normaltrimmung

Höhengewinn durch Energieumsetzung in Böen

die Standlinie auf die Leeseite, ist es bei stärkerem Wind nicht mehr manövrierfähig und oft nicht mehr in das Landefeld zu bekommen.

Mehrfaches Durchfliegen einer Aufwindfront

Fliegt man bei stärkerem Wind in Windrichtung geradeaus und durchquert ein Aufwindfeld, kann man es meist nicht auskurbeln, da das Modell zu stark nach hinten versetzt und u.U. nicht mehr ins Landefeld zurückzuholen ist. In solchen Fällen empfiehlt sich eine direkte schnelle Rückkehr in Richtung Pilot, nachdem das Steigen nachgelassen hat. Da man jetzt das Aufwindfeld nochmals vor sich hat, kann man es erneut nutzen. Das Durchfliegen mit direkter schneller Rückkehr kann gegebenenfalls mehrfach erfolgen.

Höhengewinn durch Böen

Bei stärkerem Wind fliegt das Modell durch Böenfronten, aus denen kinetische Energie (Bewegungsenergie) gewonnen und in Lageenergie (Höhe) umgesetzt werden kann. Dies erfolgt am besten durch leichtes Ziehen des Höhenruders beim Durchfliegen der Bö und anschließendes leichtes Drücken, so daß das Modell wieder in die Horizontallage übergeht. Die Energie wird dann optimal in Höhe umgesetzt. Achtung: Das Modell nicht überziehen, sonst erfolgt Strömungsabriß und die gewonnene Höhe ist wieder verloren!

Nutzung von Stauzonen

Bei stärkerem Wind wird die Luft hochgedrückt, wenn sie gegen ein breites Hindernis (z.B. Wald) anläuft. Vor Wäldern oder Mauern, großen Gebäuden, Bodenwällen usw. findet man dann eine mehr oder weniger breite Aufwindfront, die sich durch ständiges Hin- und Herkreuzen nutzen läßt. Meist holt man dadurch einen „Nullschieber" heraus und kann beliebig lange obenbleiben.

Auch feuchte Luft bedeutet Aufwind

Aufwinde entstehen nicht nur durch Thermik, d.h. wärmerer Luft. Auch Luft, die feuchter ist als die umgebende, zeigt aufsteigende Tendenz. Das liegt am höheren Wasserstoffgehalt, und Wasserdampf ist nun mal leichter als Luft! So haben wir bei einsetzendem Nieselregen und über Feuchtgebieten häufig schon „Nullschieber" oder leichtes, aber stetiges Steigen beobachtet.

Ballastzuladung

Bei auffrischendem Wind sollte unbedingt Ballast im Schwerpunkt zugeladen werden. Das Modell wird dadurch erheblich durchsetzungsfreudiger. Bei stark versetzender Thermik hat

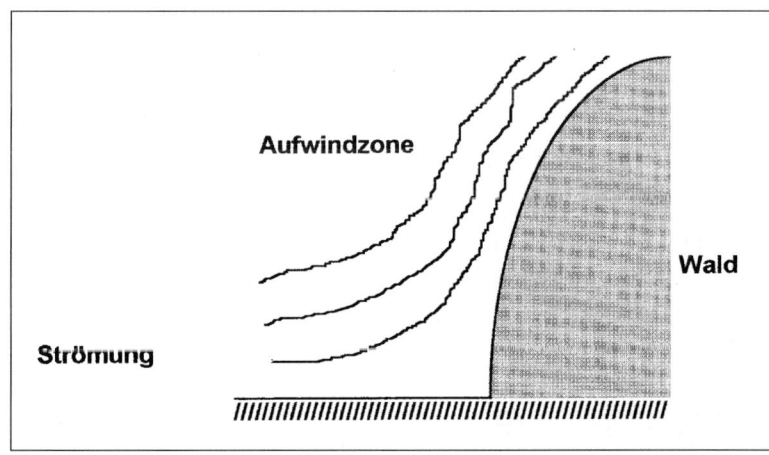

Aufwindzone durch einen Stau an Hindernissen

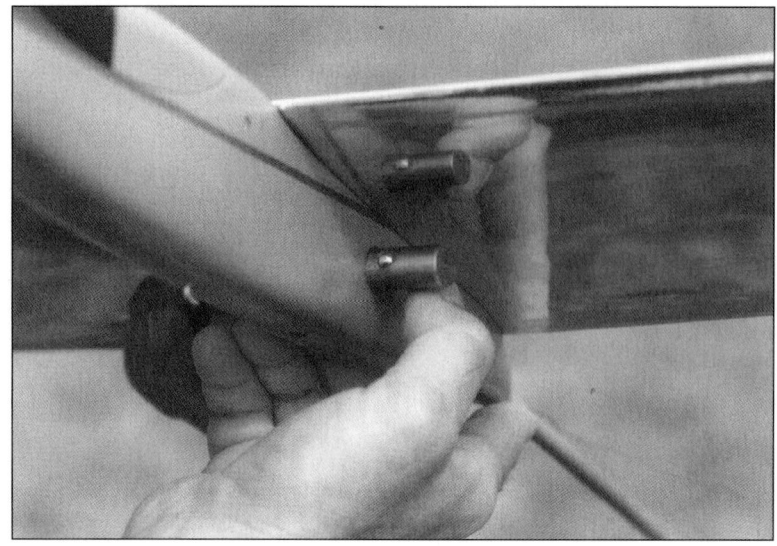

Ballastkammer im Rumpf zum Einschieben von Gewichtsstükken, gesichert durch Kugelschnäpper (Modell „HLG-Maus").

Grundregeln des Thermikfliegens (siehe z.B. auch MTB 16):

- Niemals im Wolkenschatten starten.
- Abwarten, bis der Wind abflaut, niemals in den auffrischenden Wind starten.
- Windfahnen im Gelände aufstellen und beobachten (das Entrainment zeigt die Richtung an, wo sich die Blase gerade befindet).
- Vögel, Samen, Schmetterlinge usw. beobachten.
- Andere Modelle beobachten.

man so die Chance, auch wieder zum Startplatz zurückzukehren. Entsprechende Ballastkammern im Rumpf oder Flügel, die ein rasches Be- und Entladen ermöglichen, sind für Wettbewerbsmodelle unerläßlich.

Zum Schluß die wichtigste Anfängerregel

Der Anfänger sollte zuallererst darauf achten, das Modell ruhig zu fliegen und nicht zu „übersteuern", d.h. zu heftige Ruderausschläge vermeiden. Die Flugleistung – das ist immer wieder zu beobachten – wird häufig totgeknüppelt, entweder weil man zu viel steuert oder zu wenig dosiert. Flugbahn- bzw. Lageabweichungen vom getrimmten Horizontalflug müssen – wenn überhaupt – schon in der Tendenz erkannt und ausgesteuert werden. Steuerbewegungen, die zu spät kommen, führen meist zu einem Aufschaukeln der Störung.

Die HLG-Segler sind von der Flugstabilität her im Prinzip wie Freiflugmodelle ausgelegt, d.h., sie fliegen weitgehend eigenstabil, und man sollte sie im Flug wenn möglich auch sich selbst überlassen!

Bewährte Modelle (Eigenkonstruktionen, Bausätze, Baupläne)

Die Modellszene bei Wettbewerben

Die Wettbewerbsszene hat sich in den letzten Jahren gewandelt. Dominierten bei den ersten Wettbewerben noch die Bausatzmodelle, geht der Trend in letzter Zeit immer mehr zu anspruchvollen Eigenkonstruktionen. Häufig werden eigene, formschöne GFK-Rumpfe eingesetzt. Sehr aufwendige Konstruktionen mit Vierfach-V-Form oder Winglets, wie z.B. beim „Telum" oder bei der „Gypsy 6", dominieren in der Wettbewerbsrangliste. Nach wie vor gibt es zahlreiche Zweckkonstruktionen wie „Äktsch'n feif", „HLG-Maus" usw.

Einige experimentierfreudige Konstrukteure wagten sich auch an Nurflügel, z.B. den „Alita". Über die Flugleistungen der Nurflügel ist bislang wenig bekannt. Jedoch kann man allgemein feststellen, daß die reine Gleitleistung gegenüber dem Normalmodell geringer ist. Desgleichen werden die Wurfhöhen eines Normalmodells mit dem Nurflügel nicht erreicht. Der Nurflügel dominiert dagegen beim engen Kreisen und macht sich sehr gut beim Bungee-Start.

Interessant könnte die Roto-Wing-Steuerung werden, wie sie beim „Gringo" verwendet wird. Das Eindrehen beim Durchfliegen eines Thermikschlauchs ist hiermit quasi auf der Stelle möglich.

Das Experimentieren geht weiter. Hauptsächlich werden neue, häufig auch modifizierte Profile erprobt, die z.T. aus dem F3B- und F3J-Bereich stammen. Der Trend geht dahin, die Modelle leicht zu bauen und schnellere Profile einzusetzen. Damit ergeben sich bei gleicher Gleit- und Sinkgeschwindigkeit bessere Penetrations- und Schnellflugeigenschaften.

Entscheidend für den Wettbewerbserfolg ist ein schlüssiges Gesamtkonzept, das aus Pilotenkönnen, Flugstil, Wurfstärke sowie Modellauslegung besteht. Hierbei kann man beobachten, daß in Abhängigkeit von der jeweiligen Wetterlage sowohl sehr leichte als auch schwerere Modellauslegungen (bis 380 g) zum Erfolg führen können.

Bewährte HLG-Modelle

Die folgende Zusammenstellung von HLG-Modellen stellt einen Querschnitt dar, der dem Verfasser zugänglich war und erhebt keinerlei Anspruch auf Vollständigkeit.

„Äktsch'n feif" von Hans Karnitschnik/ Alexander Wunschheim

Das Modell ist ein typischer Vertreter der Münchner MCM-Linie und wurde Sieger in Kulmbach 1994 und Kiefersfelden 1995.

Es ist in Kleinserie erhältlich und besitzt einen sehr schmalen, formschönen GFK-Rumpf. Der Flügel besteht aus balsabeplanktem Styropor mit kreisförmigen Ausschnitten zur Gewichtsreduzierung. Die 0,8-mm-Balsabeplankung ist aus speziell selektiertem, sehr

Äktsch'n feif

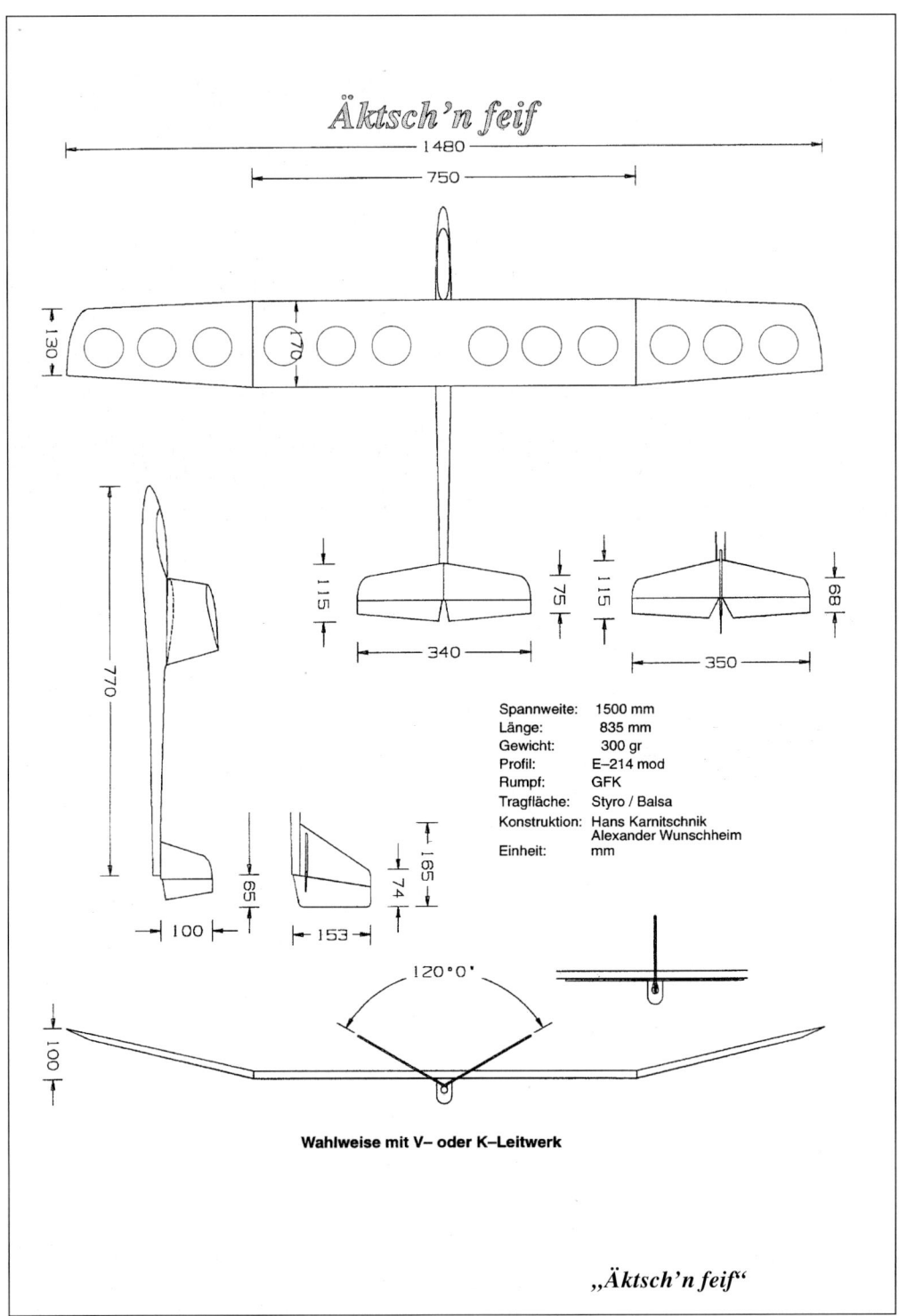

Spannweite: 1500 mm
Länge: 835 mm
Gewicht: 300 gr
Profil: E–214 mod
Rumpf: GFK
Tragfläche: Styro / Balsa
Konstruktion: Hans Karnitschnik
              Alexander Wunschheim
Einheit: mm

Wahlweise mit V– oder K–Leitwerk

„Äktsch'n feif"

„Äktsch'n feif"
mit Konstruk-
teur A. Wunsch-
heim

leichtem Holz. Das Profil ist ein E 214 mod. (8,5% Dicke, 3% Wölbung). Die Flügelbefestigung erfolgt mit Polyamidschrauben. Die Flügelohren können auf Wunsch steckbar ausgeführt werden. Das V-Leitwerk aus 2,5-mm-Vollbalsa mit kreisförmigen Ausschnitten besitzt einen V-Winkel von 120°.

Das Modell ist um alle Achsen äußerst wendig und erreicht mit dem Bungee sehr gute Höhen.

Technische Daten:

Spannweite	1.500 mm
Länge	810 mm
Profil Flügel	E 214 mod.
Profil V-Leitwerk	ebene Platte
Profiltiefe ($\sqrt{}$)	170 mm
Flugmasse	ca. 300 g

„HLG-Maus" von Peter Schönmann

Die „HLG-Maus" hat sich fest in der Wettbewerbsszene etabliert. Werner Stark gewann mit einer leicht modifizierten Form (Kreuzleitwerk mit hängendem Seitenleitwerk) die Bavarian Open 1994.

Der leicht gepfeilte Flügel besteht aus einem Styro-Balsa-Sandwich (Profil RG 15), das Leitwerk aus 3 mm profiliertem Vollbalsa. Der stabile GFK-Rumpf mit Kohle-Leitwerksträger entspricht dem üblichen Standard. Sowohl Kreuz- als auch V-Leitwerk sind möglich. Durch kreisförmige Ausschnitte am Flügel kann Gewicht gespart werden.

Alternativ ist eine Elektroversion mit Speed 400 und sechs Zellen 500 mAh möglich. Neuerdings gibt es auch eine vergrößerte „Maus" für den F3J-Einsatz. Weitere Informationen durch P. Schönmann, siehe Anhang.

Technische Daten:	
Spannweite	1.380 mm
Länge	890 mm
Profil Flügel	RG 15
Profil V-Leitwerk	ebene Platte
Profiltiefe ($\sqrt{}$)	170 mm
Flugmasse	ca. 350 g

„GYPSY 6" von Stefan Eder, Ansbach

„GYPSY 6" ist der Nachfolger von „GYPSY 5" und unterscheidet sich vom Vorgänger

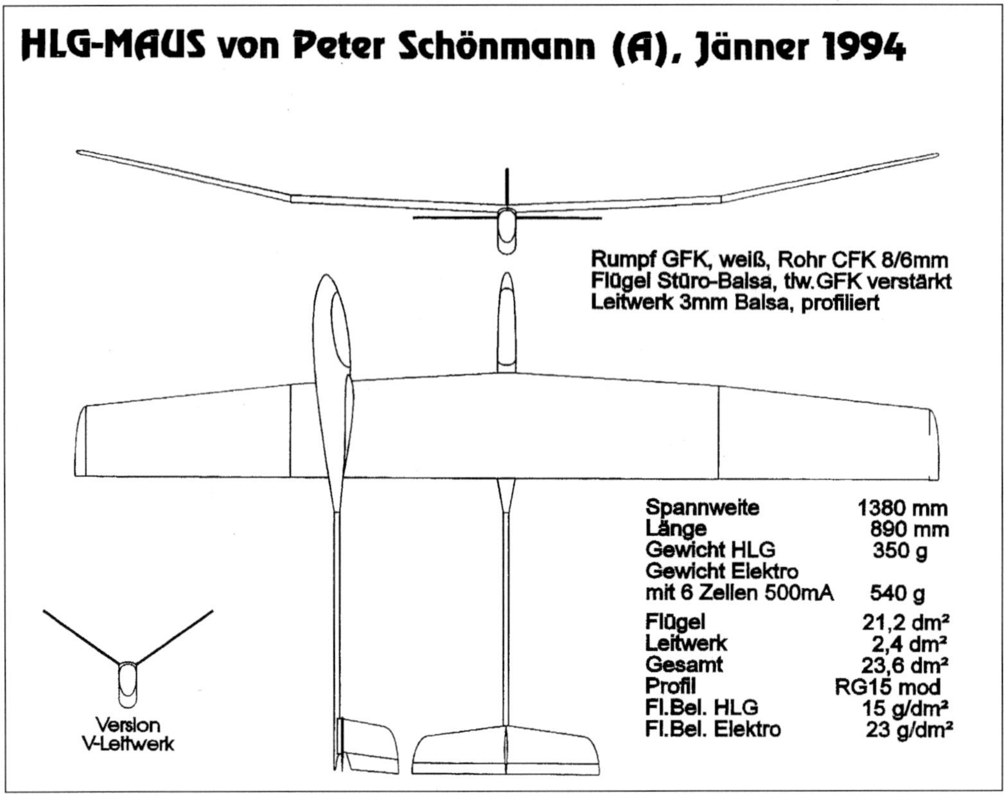

HLG-MAUS von Peter Schönmann (A), Jänner 1994

Rumpf GFK, weiß, Rohr CFK 8/6mm
Flügel Stüro-Balsa, tlw.GFK verstärkt
Leitwerk 3mm Balsa, profiliert

Spannweite	1380 mm
Länge	890 mm
Gewicht HLG	350 g
Gewicht Elektro	
mit 6 Zellen 500mA	540 g
Flügel	21,2 dm²
Leitwerk	2,4 dm²
Gesamt	23,6 dm²
Profil	RG15 mod
Fl.Bel. HLG	15 g/dm²
Fl.Bel. Elektro	23 g/dm²

Version
V-Leitwerk

„HLG-Maus"

Die „HLG-Maus" am Himmel

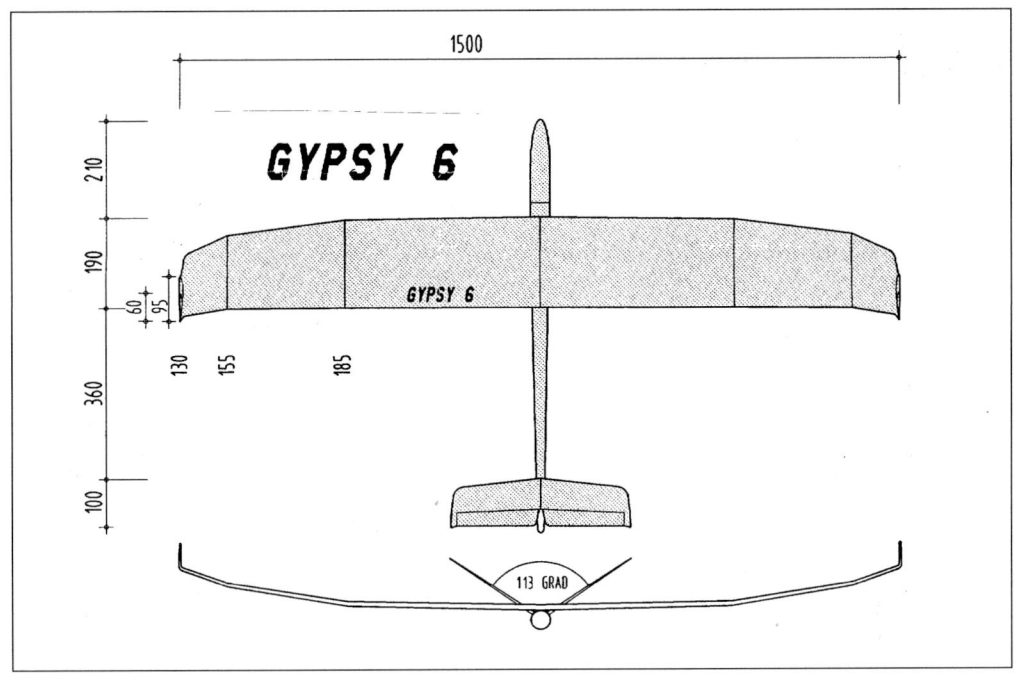

„Gypsy 6"

„Gypsy 6" mit moderner Geometrie

Winglet aus Styropor/GFK-Laminat am Flügel des „Gypsy 6"

im Profil und in der Flügelgeometrie. Der Flügel ist jetzt mit dem neuen S 4083 sowie mit Winglets ausgeführt. Das S 4083 hat sich in Verbindung mit Winglets als sehr gutmütig im Langsam- und im Kreisflug herausgestellt, besitzt jedoch auch eine gute Gleitzahl.

Der „GYPSY 6 „wird Ende 1995/Anfang 1996 in Serie gehen. Der Flügel besteht aus einer GFK/CFK-Schale mit Fünffach-V-Form und Dreifach-Trapezgrundriß (spätere Version eventuell mit Rippenflügel).

Der Aufbau der Winglets ist im Bild ersichtlich. Sie besitzen eine Schränkung von 2° und einen Profilstrak auf ein symmetrisches Außenprofil. Die Winglets wirken sich insbesondere im Kurvenflug günstig aus.

Das Fluggewicht ist mit 390 g nicht gerade niedrig und erhöht das Penetrationsvermögen.

Das Vorgängermodell „GYPSY 5" war sehr erfolgreich und gewann u.a. den Freystadter HLG-Wettbewerb 1995. Die Erfahrungen aus dieser Entwicklungslinie flossen in das neue Konzept der „GYPSY 6"-Serienversion ein.

Technische Daten:

Spannweite	1.500 mm
Länge	860 mm
Profil Flügel	S 4083

Profil V-Leitwerk	symmetrisch profiliert
Profiltiefe ($\sqrt{}$)	190 mm
Flugmasse	ca. 380 g
Besonderheiten	Winglets, Schalenflügel, Mehrfachgeometrie

„Whisky" von Gerald Schauder

„Whisky" ist mit seiner Vierfach-V-Form ein echter Stern am HLG-Himmel. Sein Konstrukteur ist erst 15 Jahre alt und hat hier ein sehr leistungsfähiges und optisch anspruchvolles Wettbewerbsmodell geschaffen. Das Modell erinnert vom Flugbild her an ein Leistungs-Freiflugmodell der Klasse F 1 H.

Der hochgestreckte Flügel ist mit einem 6-mm-CFK-Rohrholm (6-mm-Exel-Drachenrohr, äußere Ohren 4-mm-Rohr) aufgebaut. Als Profil wird das neue S 4083 eingesetzt, das neben guten Gleiteigenschaften ein hervorragendes Penetrieren bei Wind zeigt. Als reine Gleitflugzeit werden nach einem guten Wurf 45 Sekunden angegeben.

Der Rumpf wurde von einem „Wizard" übernommen. Mit Oracover-transparent-Bespannung wird ein Fluggewicht von 305 g erreicht. Als Besonderheit kann die Ruderanlenkung mit Kohlefaser-Schubstangen (1,4×1,4 mm) angesehen werden.

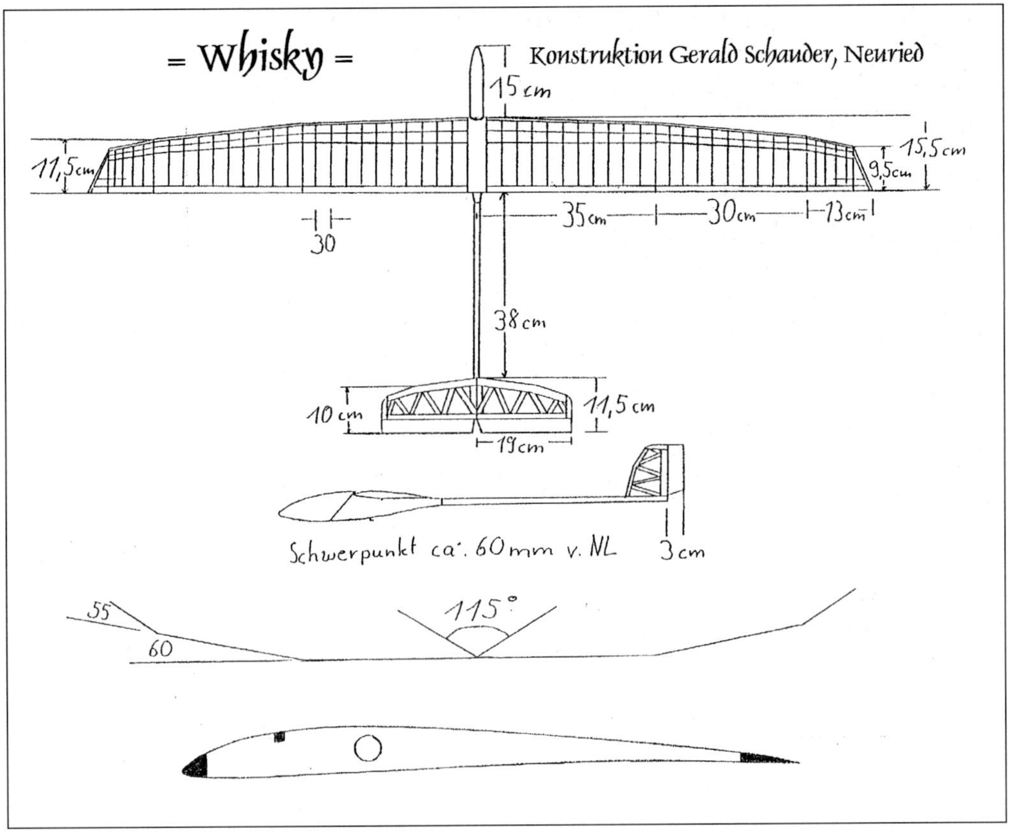

= Whisky =

Konstruktion Gerald Schauder, Neuried

15 cm

11,5 cm

15,5 cm

9,5 cm

35 cm — 30 cm — 13 cm

30

38 cm

10 cm — 11,5 cm

19 cm

Schwerpunkt ca. 60 mm v. NL

3 cm

55

60

115°

„Whisky"

**Der „Whisky"
in Aktion**

Technische Daten:

Spannweite	1.490 mm
Länge	795 mm
Profil Flügel	S 4083
Profil V-Leitwerk	ebene Platte
Profiltiefe ($\sqrt{}$)	155 mm
Flugmasse	ca. 305 g
Besonderheiten	CFK-Schubstangen zur Ruderanlenkung

„Nullschieber" von Tobias Schüttler

Tobias (16) kam über die Münchner HLG-Gruppe zum Wettbewerbsfliegen und landete mit seiner Eigenkonstruktion „Nullschieber" gleich einen Volltreffer.

Der Flügel ist ähnlich „Acron" als CFK-Rohrflügel (6-mm-Exel-Drachenrohr) aufgebaut. Da sich die V-Form zunächst als zu klein herausstellte, wurden nachträglich Winglets angebracht. Der Kurvenflug ist jetzt einwandfrei. Der Leitwerksträger ist ein 8-mm-Exel-Rohr. Die Rumpfkeule besteht aus 0,6-mm-Balsa/GFK-beschichtet. Alles in allem eine einfach zu bauende Zweckkonstruktion mit ansprechenden Leistungen. Das SD 7037 ist als HLG-Profil seit längerem bewährt. Erst neuer-

dings wird es durch das S 4083 abgelöst. Die Bespannung besteht aus Oracover-light. Damit wird ein relativ geringes Gesamtgewicht von 340 g erzielt.

Technische Daten:

Spannweite	1.500 mm
Länge	970 mm
Profil Flügel	SD 7037
Profil Leitwerk	ebene Platte 3 mm
Profiltiefe ($\sqrt{}$)	180 mm
Flugmasse	ca. 350 g
Besonderheiten	6-mm-CFK-Rohrholm, Rumpfboot Balsa/GFK-beschichtet

„Muskelkater 2" von Stefan Dolch

Das Modell besticht durch seinen „Zahnstocher"-Rumpf, der gerade für die RC-Mikrokomponenten Platz bietet. Zur Wurfunterstützung befindet sich eine Stufe unterhalb des Flügels.

Die Tragfläche ist in CFK-Rohrholmbauweise aufgebaut. Das tschechische F1C-Freiflugprofil HL 75K-3308 zeigt gute Leistungen auch bei windigem Wetter. Der Schwerpunkt

„Nullschieber" macht seinem Namen gerade Ehre!

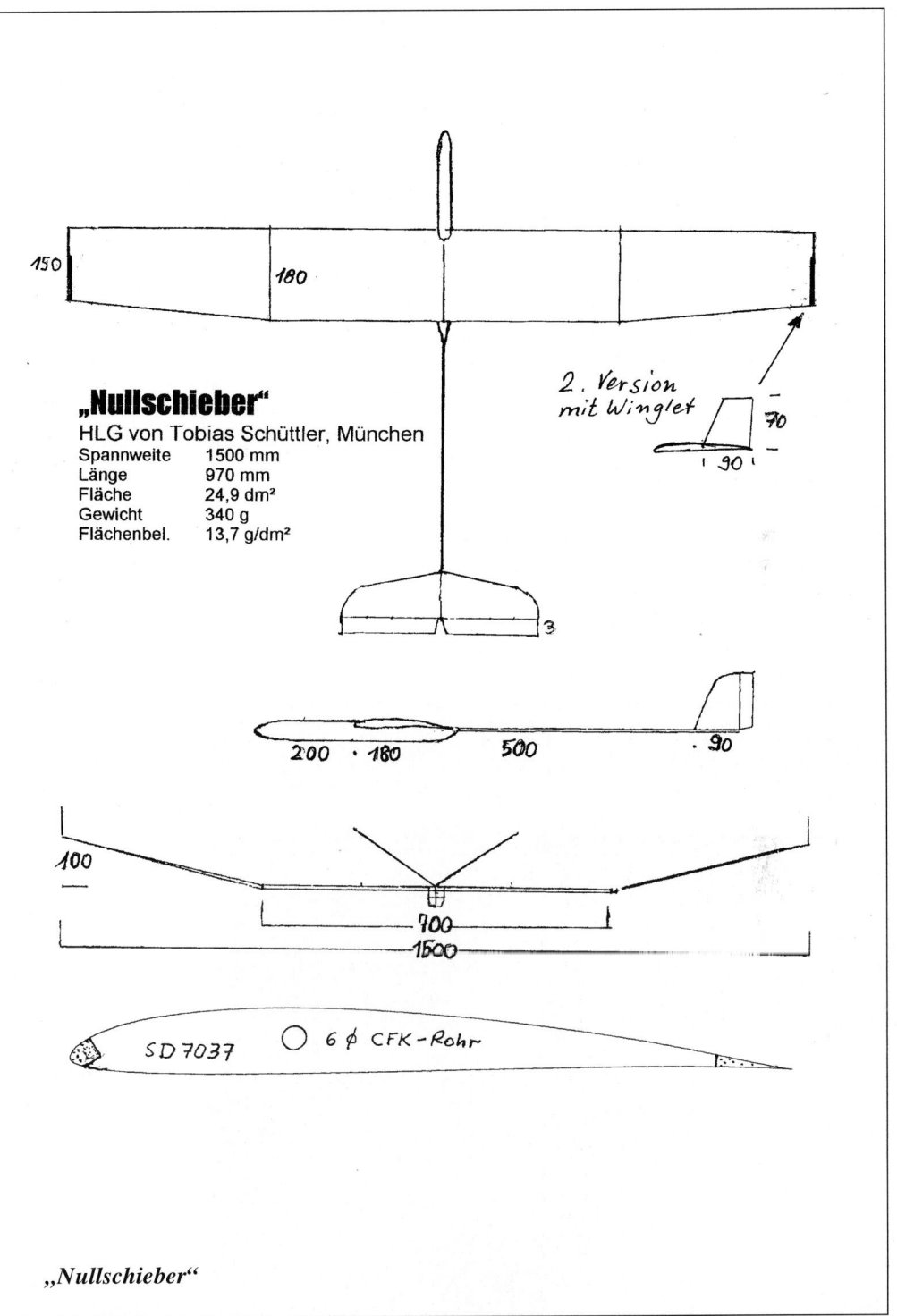

„Nullschieber"

HLG von Tobias Schüttler, München

Spannweite   1500 mm
Länge   970 mm
Fläche   24,9 dm²
Gewicht   340 g
Flächenbel.   13,7 g/dm²

150
180

2. Version mit Winglet
70
90

200 · 180   500   · 90

100

700

1500

SD 7037   6 ∅ CFK-Rohr

3

„Nullschieber"

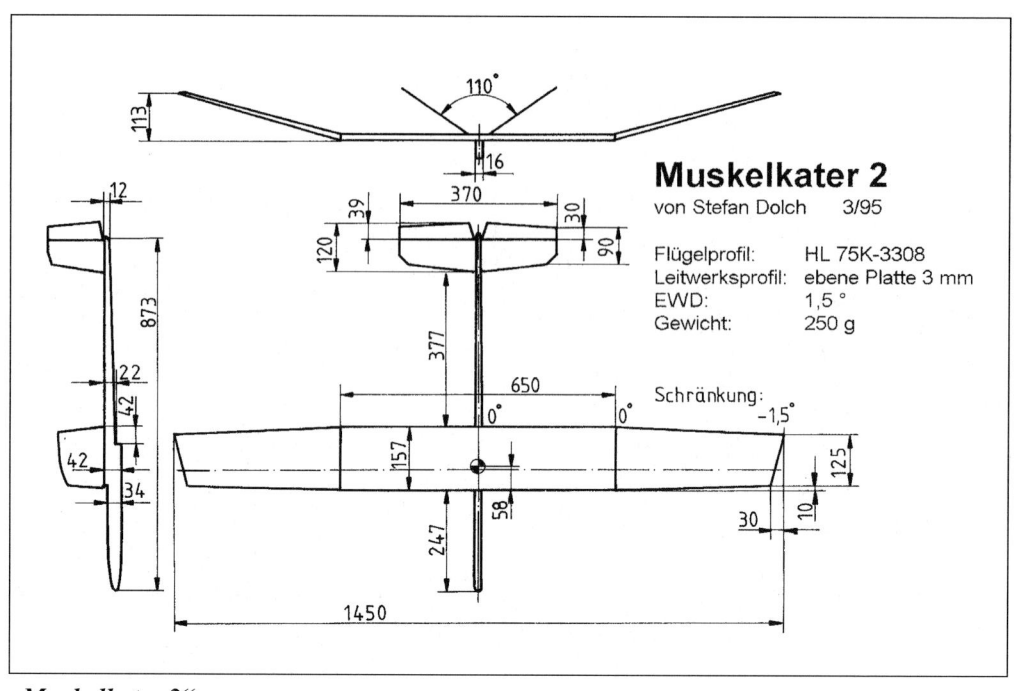

Muskelkater 2

von Stefan Dolch   3/95

Flügelprofil:	HL 75K-3308
Leitwerksprofil:	ebene Platte 3 mm
EWD:	1,5 °
Gewicht:	250 g

Schränkung: −1,5°

„Muskelkater 2"

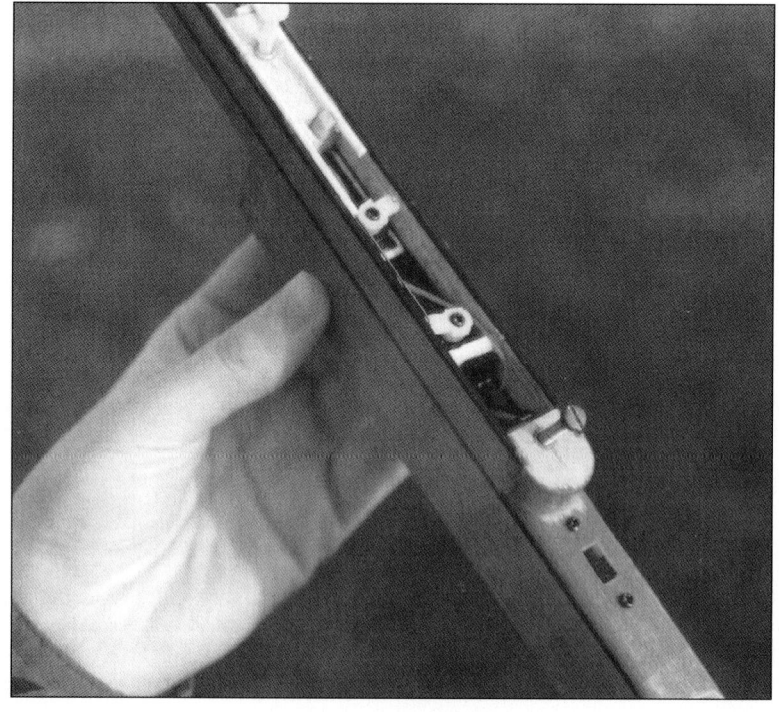

Absolute „Null-diät" herrscht im Rumpf des „Muskelkater 2". Deutlich sichtbar ist die Stufe zur Fingerauflage.

Der „Muskelkater 2" befindet sich zur Rekonvaleszenz in Frauenhänden.

wird bei 37 % angegeben bei einer EWD von 1,5°. Das Modell ist mit 250 g ein echtes Leichtgewicht. Zur Verbesserung des Überziehverhaltens gibt der Konstrukteur eine Schränkung der Flügelaußenteile vom 1,5° an.

Technische Daten:

Spannweite	1.450 mm
Länge	873 mm
Profil Flügel	HL 75K-3308
Profil V-Leitwerk	ebene Platte 3 mm
Profiltiefe ($\sqrt{}$)	157 mm
Flugmasse	ca. 250 g
Besonderheiten	stabförmiger Rumpf mit Stufe, CFK-Rohrholm

„Softy plus" von Horst Kropka

„Softy plus" ist ein nach persönlichen Wünschen zu konfigurierendes Allround-Bausatzmodell. Er ist serienmäßig in vielen Versionen zu haben: als HLG mit 18 oder 20 cm Flügel-Wurzeltiefe, mit Kreuz- oder V-Leitwerk, als Hangflitzer oder E-Hotliner – alles ist möglich. Basiselemente sind der Kohle-Kevlar-rumpf (50 g oder auch fester), ein Flächenbausatz mit gefrästen Rippen (wahlweise Fertigfläche) sowie der Leitwerksbausatz.

Als HLG-Wettbewerbsmodell wird ein Flügel mit Benny-Geometrie (180 mm Ωυρζελτiefe) und Winglets eingesetzt. Das Kreisflugverhalten wird mit Hilfe der Winglets erheblich verbessert. Mit 110-mAh-Akku, C12-Empfänger (ohne Gehäuse) und C-341-Servos wiegt das Modell genau 300 g. Der Rippenflügel kommt mit Leichtbespannung auf 120 g. Wegen des Fehlens torsionssteifer Elemente sollte allerdings Super-Monokote o.ä. als Bespannung verwendet werden.

Der sehr stabile Rumpf bietet für alle Versionen ausreichend Platz und kann z.B. auch mit einem Zweifinger-Griffloch versehen werden. Dies bringt Vorteile bei der Kraftübertragung, wobei das Modell im Wurf besser ge-

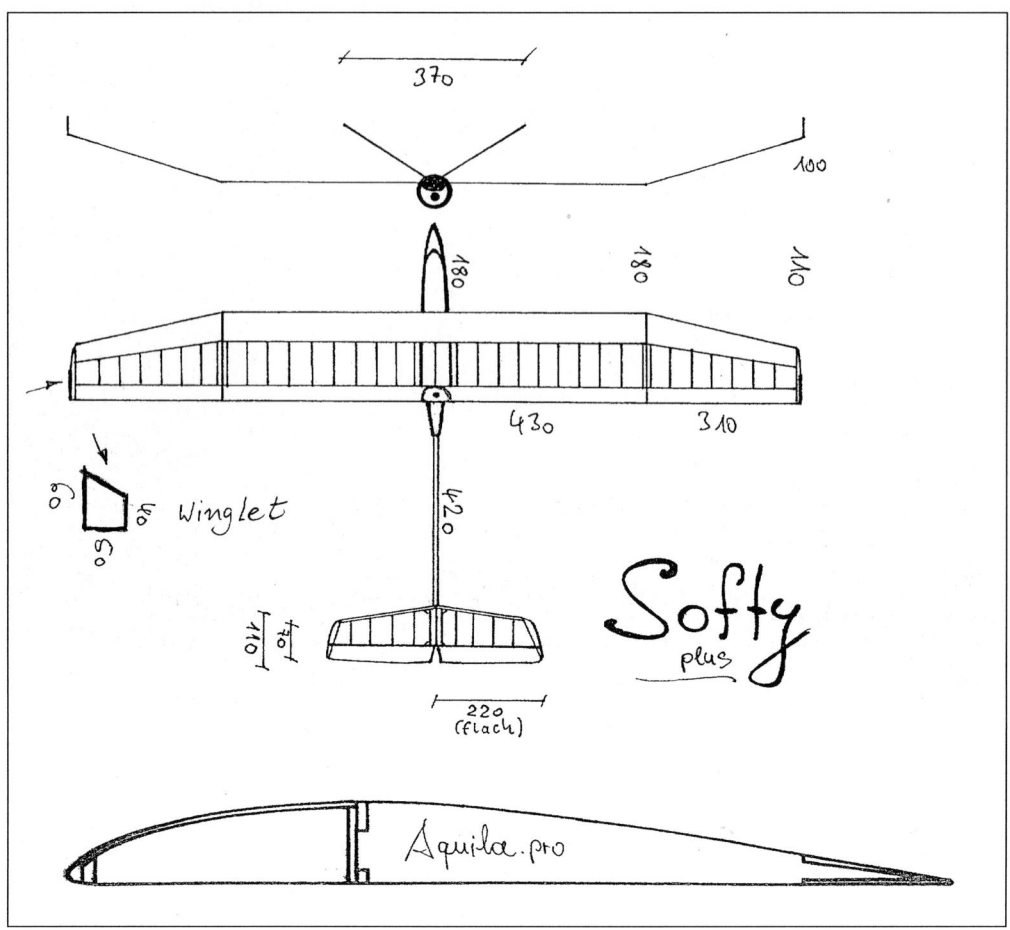

„Softy"

führt werden kann. Das Modell ist bei Wettbewerben in der Leistungsspitze zu finden und belegte einige Male vordere Plätze.

Technische Daten:

Spannweite	1.480 mm
Länge	910 mm
Profil Flügel	Aquila plus (4 % Wölbung, 9,38 % Dicke)
Pofil HLW/SLW	ebene Platte
Profiltiefe ($\sqrt{}$)	180 (200) mm
Flugmasse	ab 300 g
Besonderheiten	Winglets, verschiedene Versionen möglich

„Thermikschnüffler '95" von Peter J. Berkhoff

Der „Thermikschnüffler" ist das erfolgreiche Produkt eines Freifliegers, der zur HLG-Szene gestoßen ist. Das Modell wurde Sieger beim Uelzener HLG-Cup 1994.

Extremer Leichtbau sowie gute Gleit - und Kreisflugeigenschaften zeichnen den „Thermikschnüffler" aus. Der Rechteckflügel mit 150 bzw. 160 mm Flügeltiefe ist in CFK-Rohrholmbauweise aufgebaut. Als Profil wird das neue Selig 4083 oder optional auch das Verbitzky-F1C-Freiflugprofil eingesetzt. Der Rumpf stammt vom „Supra-Hit" (R. Lotz).

Der „Softy" ist ein hervorragendes Einsteigermodell.

*Der „Thermik-
schnüffler" vor
dem Abwurf.
Man beachte
den Gabelgriff –
die Finger lie-
gen auf einer
durch den
Rumpf gehen-
den Alustange
(Sticknadel).*

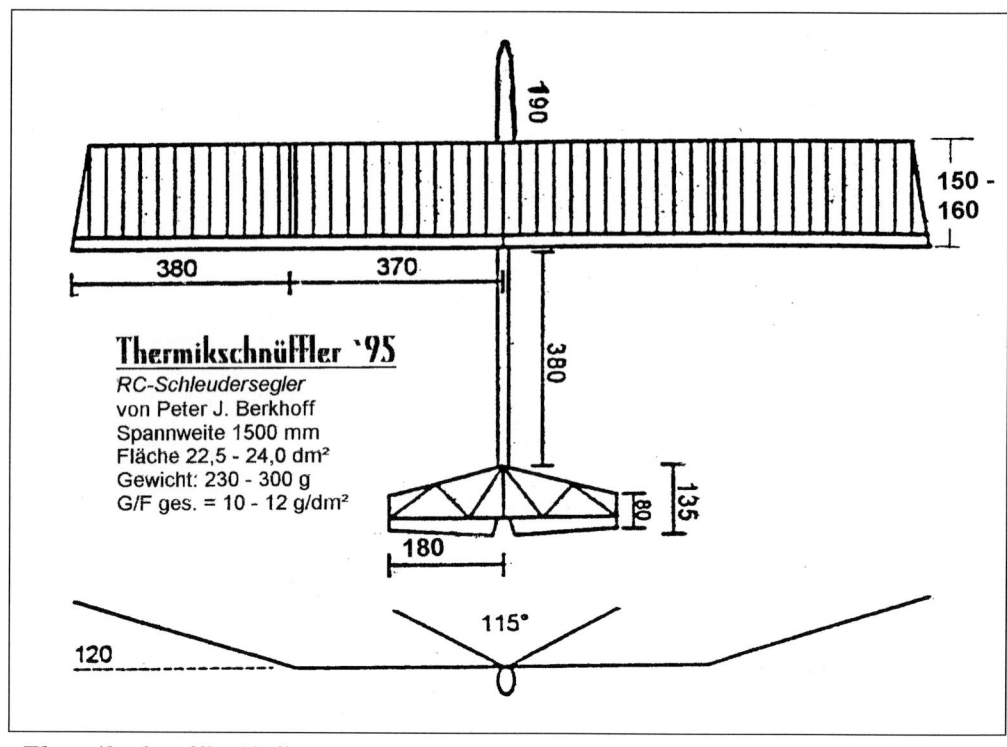

Thermikschnüffler '95
RC-Schleudersegler
von Peter J. Berkhoff
Spannweite 1500 mm
Fläche 22,5 - 24,0 dm²
Gewicht: 230 - 300 g
G/F ges. = 10 - 12 g/dm²

„Thermikschnüffler '95"

Beim Werfen wird der Gabelgriff verwendet: Etwas unterhalb der Flügelhinterkante befindet sich zur Fingerauflage ein quer durch den Rumpf gesteckter 4-mm-Alustab (Stricknadel).

Für die Steckverbindung des Leitwerkes und der Flügelohren werden ebenfalls Alu-Stricknadeln in verschiedenen Stärken eingesetzt.

Technische Daten:

Spannweite	1.500 mm
Länge	865 mm
Profil Flügel	S 4083
Profiltiefe ($\sqrt{}$)	150 bzw. 160 mm (versionsabhängig)
Flugmasse	230–300 g
Besonderheiten	Gabelgriff (Alu-Strick-nadel), steckbares V-Leitwerk

„Acron 2" von Heinz Eder

Das Modell wurde vor allem als guter Gleiter mit gleichzeitig guten Penetriereigenschaften bei Wind konzipiert.

Die Profilwölbung beträgt 3,0 %. Der Flügel ist dreiteilig aufgebaut (steckbare Außenteile, mit Tesafilm gesichert).

Hohe Biegefestigkeit sowie Torsionssteifigkeit werden mit Hilfe eines selbst hergestellten CFK-Rohres (Faserwinkel 20°, Metergewicht 18 g innen, 12 g außen) erreicht. Eine Beplankung ist nicht erforderlich. Der Flügel wiegt im Rohbau 85 g. Der Flügeleinstellwinkel beträgt 1°, der HLW-Einstellwinkel –0,5°. Die Bespannung erfolgte beim Originalmodell mit Oracover-light.

Der GFK-Rumpf wurde selbst gefertigt und ist ergonomisch optimiert. Das Modell wird mit Gabelgriff geworfen, wobei die Finger auf einem CFK-Rundstab aufliegen. Der konische

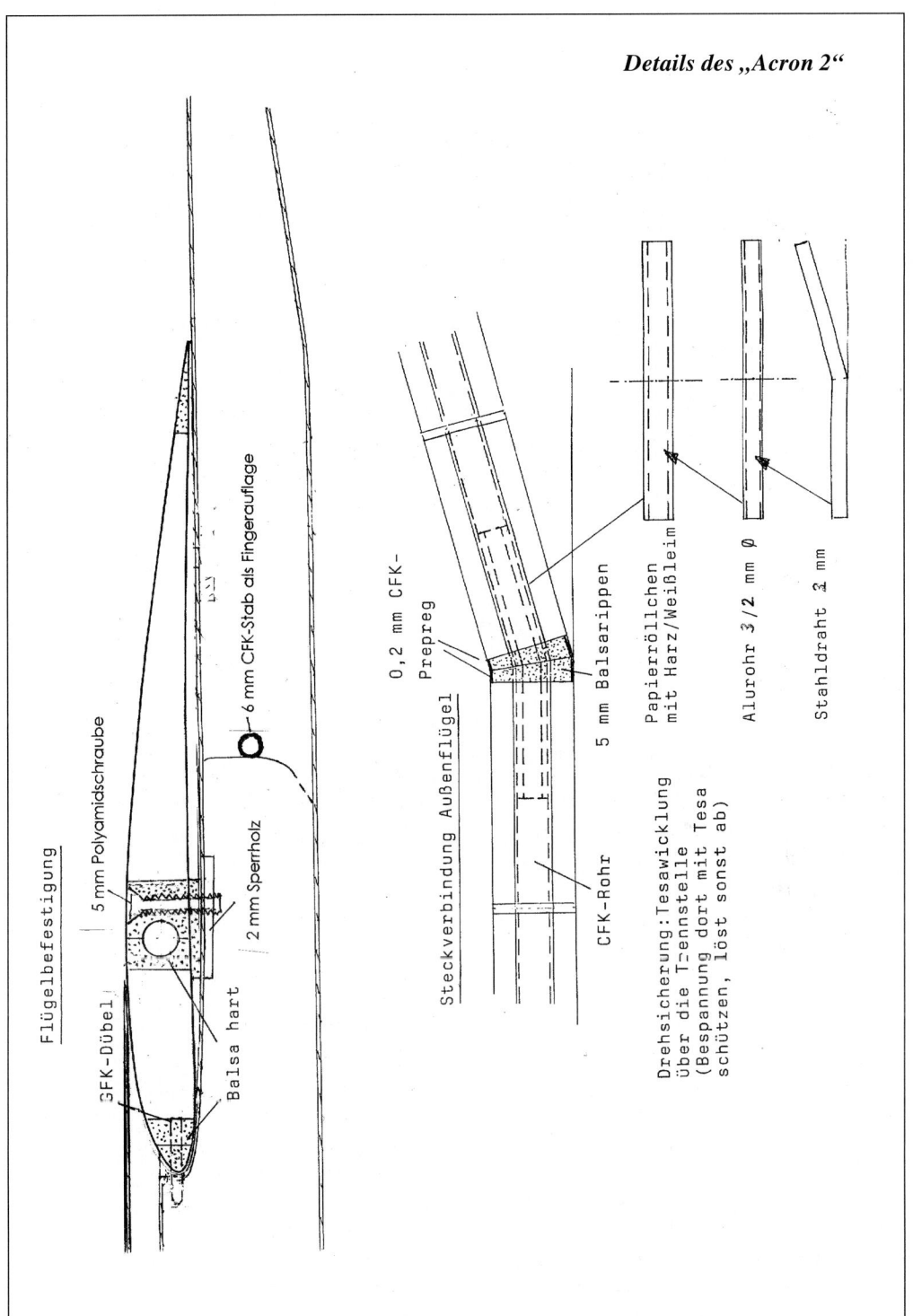

Flügelbefestigung

GFK-Dübel

5 mm Polyamidschraube

Balsa hart

2 mm Sperrholz

6 mm CFK-Stab als Fingerauflage

Steckverbindung Außenflügel

0,2 mm CFK-Prepreg

5 mm Balsarippen

CFK-Rohr

Drehsicherung:Tesawicklung über die Trennstelle (Bespannung dort mit Tesa schützen, löst sonst ab)

Papierröllchen mit Harz/Weißleim

Alurohr 3/2 mm Ø

Stahldraht 1 mm

„Acron 2" RC - Wurfsegler von Heinz Eder 8/94

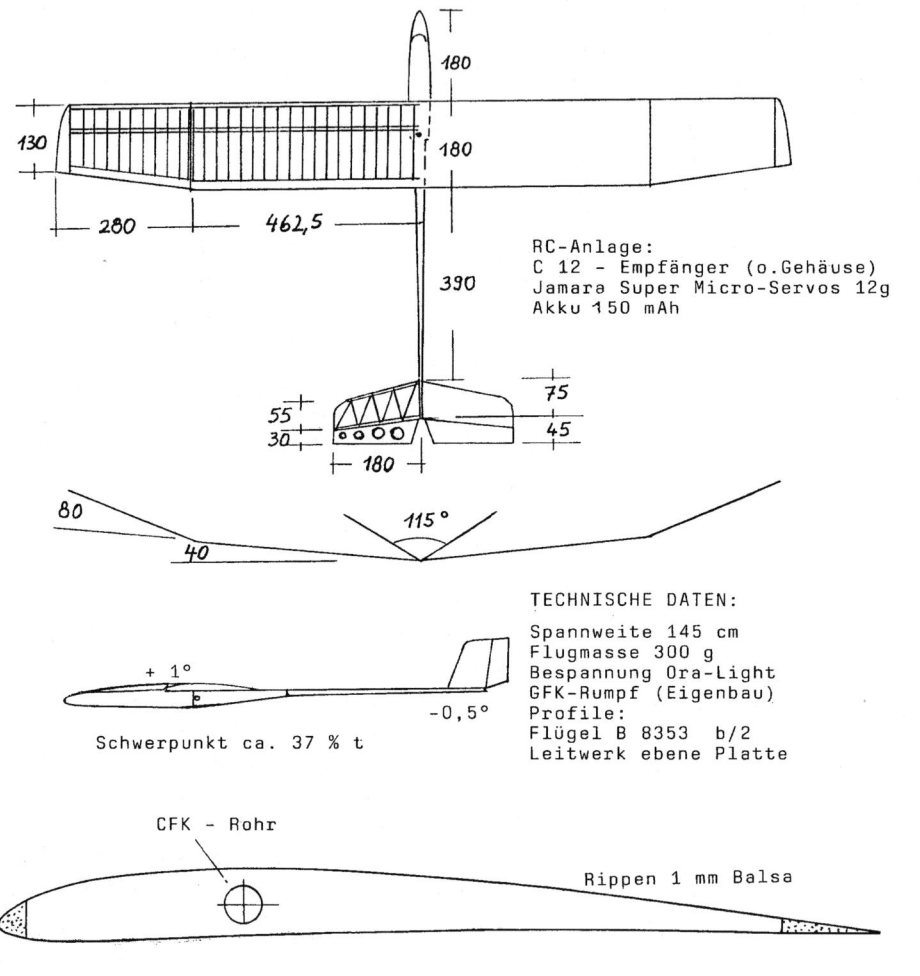

180

130   180

280 — 462,5

390

RC-Anlage:
C 12 - Empfänger (o.Gehäuse)
Jamara Super Micro-Servos 12g
Akku 150 mAh

55
30   75
45
180

80   115°
40

+ 1°
-0,5°

Schwerpunkt ca. 37 % t

TECHNISCHE DATEN:

Spannweite 145 cm
Flugmasse 300 g
Bespannung Ora-Light
GFK-Rumpf (Eigenbau)
Profile:
Flügel B 8353 b/2
Leitwerk ebene Platte

CFK - Rohr

Rippen 1 mm Balsa

„Acron 2"

80

„Acron 2" zeigt seine Silhouette.

Leitwerksträger besteht aus CFK und wiegt nur 9 g. Die günstigste Schwerpunktlage liegt bei 37 % t. Ein zusätzlicher Turbulator beeinflußt die Strömung günstig und verbessert das Kreisflugverhalten. Wegen des Bespannungseinfalls wird eine effektive Profildicke von rund 7,5 % erreicht, was hervorragende Wurfhöhen ergibt.

Technische Daten:

Spannweite	1.500 mm
Länge	880 mm
Profil Flügel	B 8353 b/2
Profil Leitwerk	ebene Platte
Profiltiefe (√)	180 mm
Flugmasse	300 g
Besonderheiten	CFK-Rohrholm, GFK-Rumpf mit CFK-Stab für Gabelgriff, Flügel dreiteilig (steckbar)

„Alita" von Walter Gerten (MT-Bauplan Nr. 1110 vom Verlag für Technik und Handwerk)

Der Konstrukteur hat versucht, eine echte Alternative zur HLG-Normalauslegung zu bieten. Zur Gewichtsreduzierung wurde die offene Bauweise mit CFK-Rohrholmen gewählt. Die aerodynamische Auslegung lehnt sich an das Hortenkonzept an: Hochauftriebsprofil mit leichtem S-Schlag innen, im Außenflügel Übergang auf symmetrisches Profil mit 6° Schränkung. Da die Glockenauftriebsverteilung nicht ganz erreicht wird, sind außen kleine Winglets vorgesehen.

Der Flieger zeigt durch die relativ dicke Profilierung ein sehr gutmütiges Verhalten auch im Langsamflug. Der Einsatzbereich beschränkt sich wegen der geringen Flächenbelastung von 12 g/dm² auf schwach windiges Wetter. Beim Wurfstart greift der Finger in ein Loch unter-

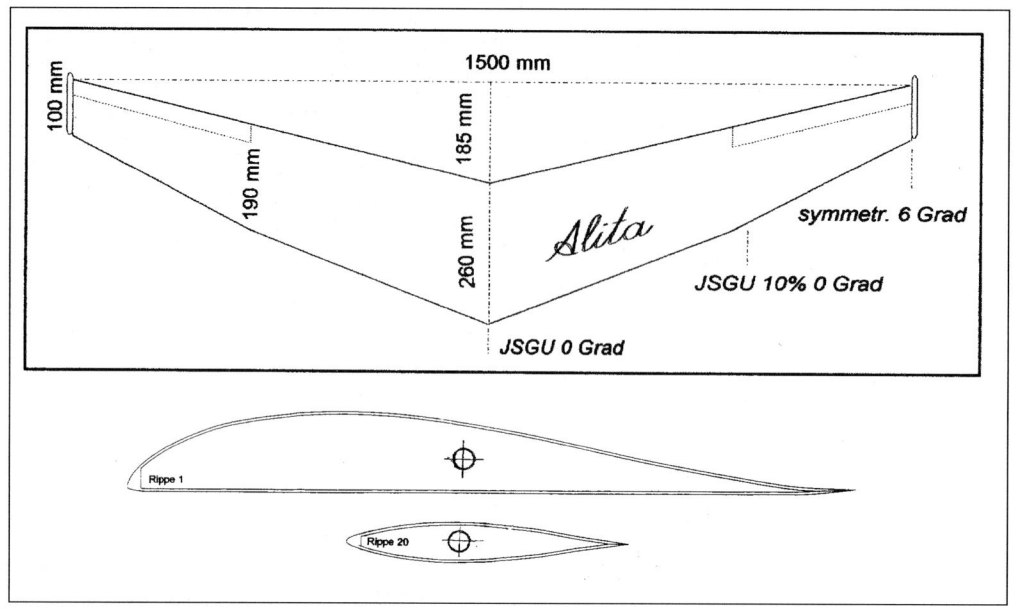

Grundriß, Wurzel- und Endprofil des HLG-Nurflügel „Alita".

halb des Modellschwerpunktes. Die Steuerung erfolgt durch Querruder mit Höhe gemischt. Eine Elektroversion mit Speed 400 und sieben Zellen ist möglich.

Technische Daten:

Spannweite	1.500 mm
Profil Flügelwurzel	eigen
Profil außen	symmetrisch
Profiltiefe (√)	260 mm
Flugmasse	ca. 350 g
Besonderheiten	CFK-Rohrholmbauweise, gute Langsamflugeigenschaften

„Sunny" von Heiner Hauns (MT-Bauplan Nr. 1009 vom Verlag für Technik und Handwerk)

„Sunny" ist für schwachen bis mäßigen Wind ausgelegt und auch für das Wettbewerbsfliegen geeignet.

Gewicht wird durch die Kohle-Rohrholmbauweise und eine sorgfältige Dimensionie-

rung des Materials gespart, so daß sich eine Flächenbelastung von 12,2 g/dm² ergibt. Der Balsa-Kastenrumpf ist GFK-beschichtet (50-g-Gewebe vorn bis unter den Flügel, 20-g-Gewebe hinten). Die Ruderhebel des V-Leitwerks liegen unmittelbar hinter dem Rumpfrohrende und erzeugen damit keinen Zusatzwiderstand.

Wegen der relativ großen Flügeltiefe von 190 mm innen und 160 mm außen ist das Modell im Langsamflug und beim Kreisen sehr gutmütig. Das Profil wurde vom bewährten „Supra-Hit" (R. Lotz) übernommen. Der Schwerpunkt ist bei 37 % angegeben. Für eine saubere und feste Flügelhinterkante sorgt eine GFK-Beschichtung der Innenseiten der geteilten Endleiste. Das Modell dürfte sich als unkompliziertes Fun- und Wettbewerbsmodell bewähren.

Technische Daten:

Spannweite	1.390 mm
Länge	840 mm
Profil Flügel	ähnlich „Supra-Hit" von R. Lotz

„Alita" ist auch bei jungen Damen beliebt.

„Sunny" beim Wurfstart

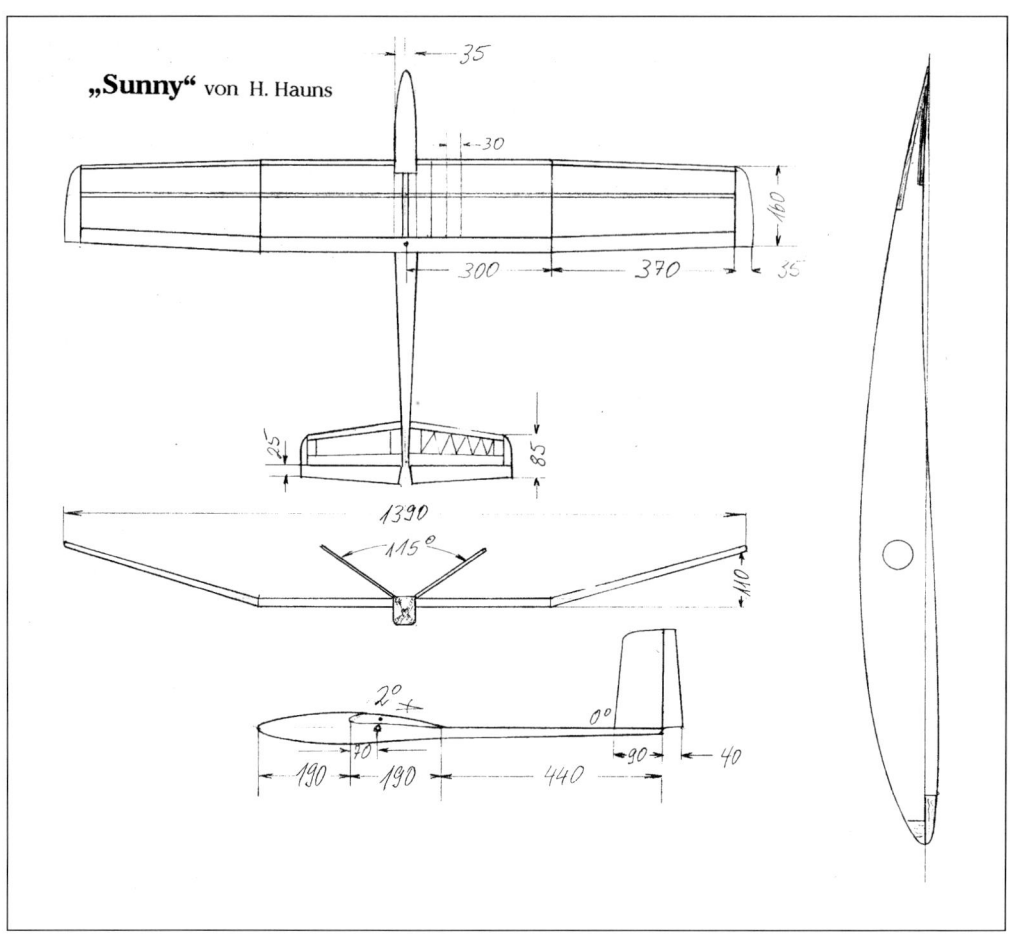

„Sunny"

Profil Leitwerk	ebene Platte
Profiltiefe ($\sqrt{}$)	190 mm
Flugmasse	310 g
Besonderheiten	CFK-Rohrholm, GFK-beschichteter Balsarumpf

(Wölbung und 8 % Dicke).

Der Flügel ist mit einem CFK-Kastenholm sowie CFK-Endleiste aufgebaut. Die Rippen sind mit CF-Caps 1,8×0,13 mm beschichtet. Das Modell besitzt steckbare Flügelohren sowie ein steckbares V-Leitwerk aus 2-mm-Vollbalsa und findet in einer speziell dafür gebauten kleinen Tragekiste Platz. Der Leitwerksträger besteht aus einem konischen CFK-Rohr. Die Rumpfkeule ist aus 0,6-mm-Sperrholz aufgebaut und hat eine Fingerstufe zur Unterstützung des Wurfes. Das Modell weist mit dem filigran-transparenten Flügel eine sehr ansprechende Optik auf.

„Hip-Hop 2" von Bernd Melchisedech

Bernd ist ein erfolgreicher Wakefield-Flieger und hat die von Freiflugmodellen bekannten Baustrukturen auf den HLG-Bereich angewandt. Heraus kam ein sehr festes und auch schnelles Modell (Profil SD 8000 mit 1,7 %

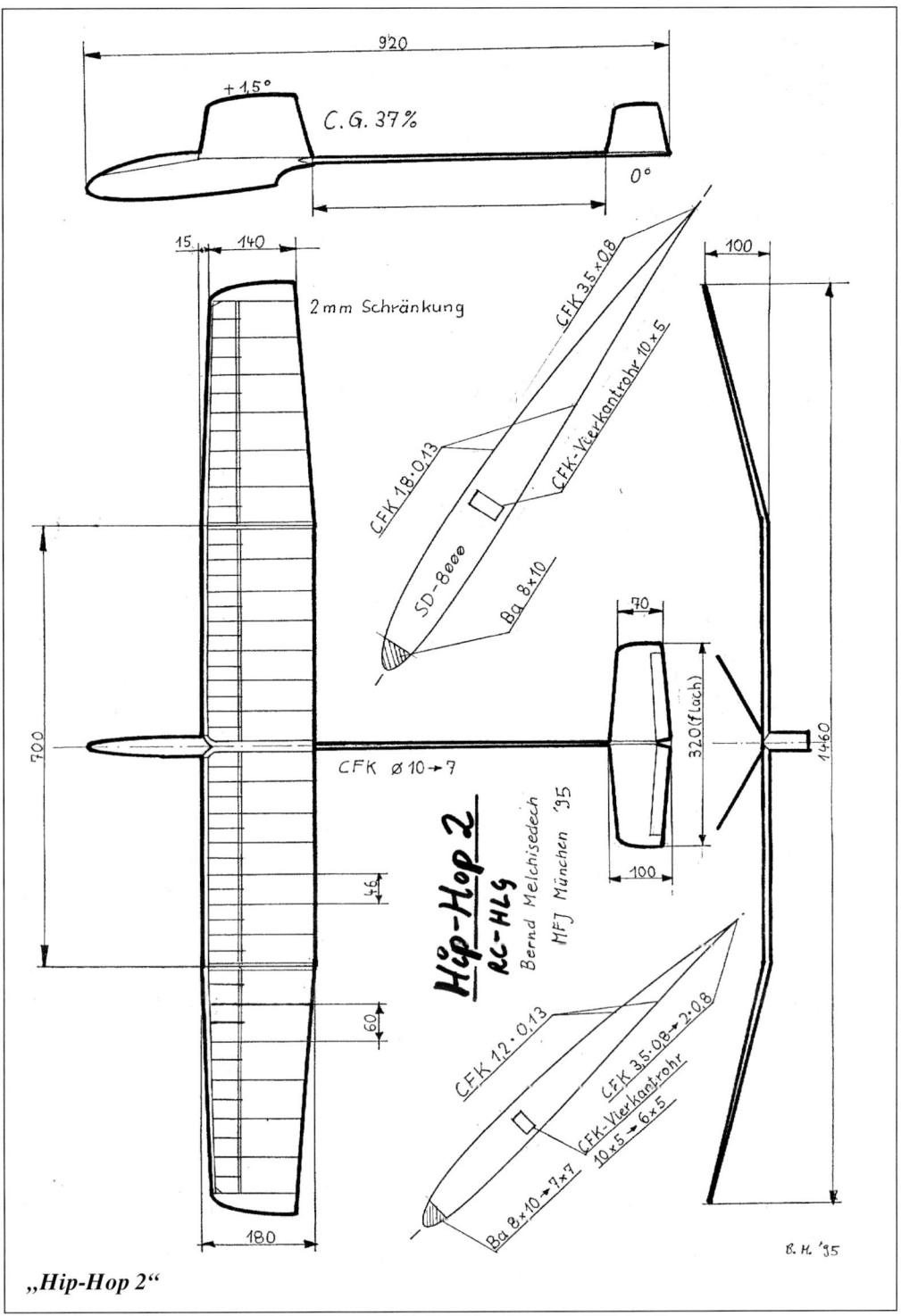

920

+ 1,5°   C.G. 37%   0°

15   140   2mm Schränkung

CFK 3,5.×08

CFK-Vierkantrohr 10×5

CFK 1,8·0,13

SD-8000

Ba 8×10

100

70

320 (flach)

100

1460

700   CFK ⌀ 10→7

Hip-Hop 2
Rc-HLg
Bernd Melchisedech
MFJ München '95

46

60

CFK 1,2·0,13

CFK 3,5.08→2·08

CFK-Vierkantrohr
10×5→6×5

Ba 8×10→7×7

180

B. H. '95

„Hip-Hop 2"

„Hip-Hop 2" in der Thermik

„Chuco" beim Wurfstart

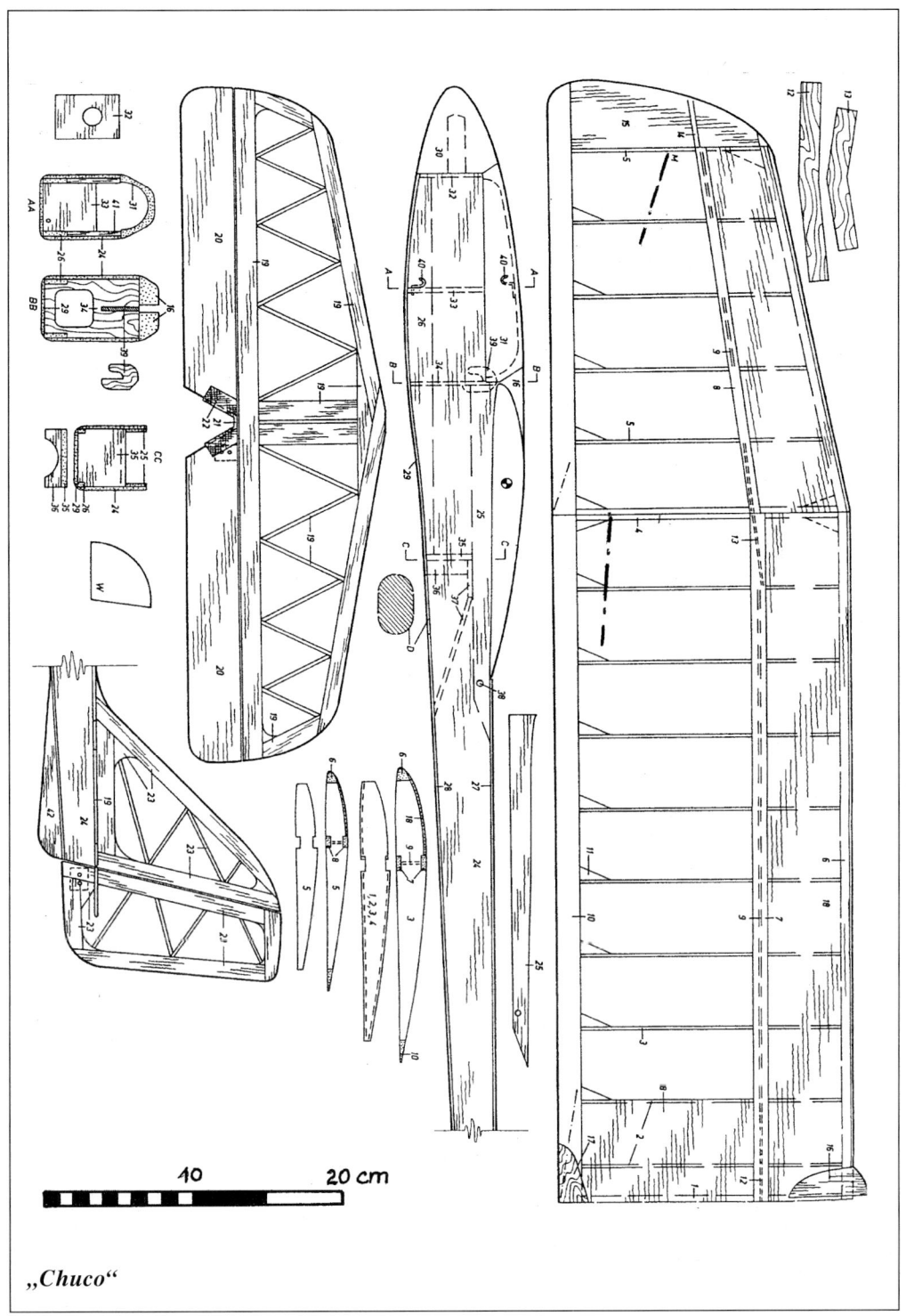

„*Chuco*"

Spannweite	1.460 mm
Länge	920 mm
Profil Flügel	SD 8000
Profiltiefe ($\sqrt{}$)	180 mm
Flugmasse	310 g
Besonderheiten	CFK-Kastenholm, CFK-Endleiste, Flügel- ohren und Leitwerk steckbar

„Chuco" von Claus Maikis (MT-Bauplan Nr. 1074 vom Verlag für Technik und Hand- werk)

„Chuco" wurde unter besonderer Berück- sichtigung einfacher Bauweise und handelsüb- licher Materialien, die in jedem Modellbauge- schäft zu bekommen sind, konstruiert.

Der einteilige Flügel mit Dreifach-V-Form hat eine relativ große Fläche, so daß die Flä- chenbelastung gering bleibt. Das Profil Gö 602 ist so modifiziert, daß eine handelsübliche End- leiste verwendet werden kann.

Es ist gelungen, mit dem „Chuco" ein Ein- steigermodell zu konzipieren, das bei geeigne- ter Materialauswahl und Gewichtslimitierung auch im Wettbewerb einsatzfähig ist. Das Flug- gewicht liegt bei 380 g, bei entsprechender Materialauswahl auch darunter.

Technische Daten:

Spannweite	1.460 mm
Länge	940 mm
Profil Flügel	Gö 602
Profiltiefe ($\sqrt{}$)	200 mm
Flugmasse	380 g
Besonderheiten	einfacher Aufbau mit herkömmlichen Mate- rialien

„New Wave Pro" und „New Wave 400" von Manfred Hocher

Das Modell ist in Kleinserie erhältlich und besitzt einen einteiligen beplankten Styropor- flügel mit relativ großer Wurzeltiefe (200 mm).

Balsaholz und Styropror sind zur Gewichtsmi- nimierung speziell ausgesucht.

Das lange Rumpfvorderteil und der leichte Leitwerksträger sparen Gewicht, so daß trotz Styroflügel (mit kreisförmigen Ausschnitten) eine Flugmasse von ca. 350 g eingehalten wer- den kann. Größter Wert wurde auf eine absolu- te Widerstandsminimierung gelegt: Die Ru- derhebel, Schrauben usw. sind verdeckt, der Rumpfquerschnitt ist minimiert. Der Rumpf besitzt einen abziehbaren Konus.

Es sind sowohl Rumpf und Flügel einzeln als auch das komplette Modell vorgefertigt er- hältlich, ebenso die Elektroversion (siehe An- hang). Das Leitwerk kann als V- oder Kreuz- leitwerk ausgeführt werden.

Technische Daten:

Spannweite	1.500 mm
Länge	842 mm
Profil Flügel	SD 7037 mod.
Profil Leitwerk	ebene Platte
Profiltiefe ($\sqrt{}$)	200 mm
Flugmasse	ca. 350 g
Besonderheiten	Styroporflügel be- plankt, Rumpf-Nasen- konus, Alternativrumpf für die Elektroausfüh- rung

„Dream 72", Katapultgleiter aus Japan

Es handelt sich hier um eine interessante High-Tech-Konstruktion mit nur 1,03 m Spann- weite und einem Leergewicht von nur 195 g.

Man beachte das sehr dünne, spitznasige Profil, das offenbar von den Freiflug-Wurf- gleitern entlehnt ist. Der Schwerpunkt liegt mit 39 % t im üblichen Bereich. Das Höhenleit- werk ist ebenfalls spitznasig und hat ein leicht tragendes Profil.

Die zentrale Flügelbefestigung ist als „T" ausgeführt und greift in je eine Carbon-Box an der Flügelwurzel. Der Hochstarthaken ist wie auch der Leitwerksträger (Carbon-Rohr) mit dem zentralen T-Träger verbunden. Ein zwei-

New Wave 400

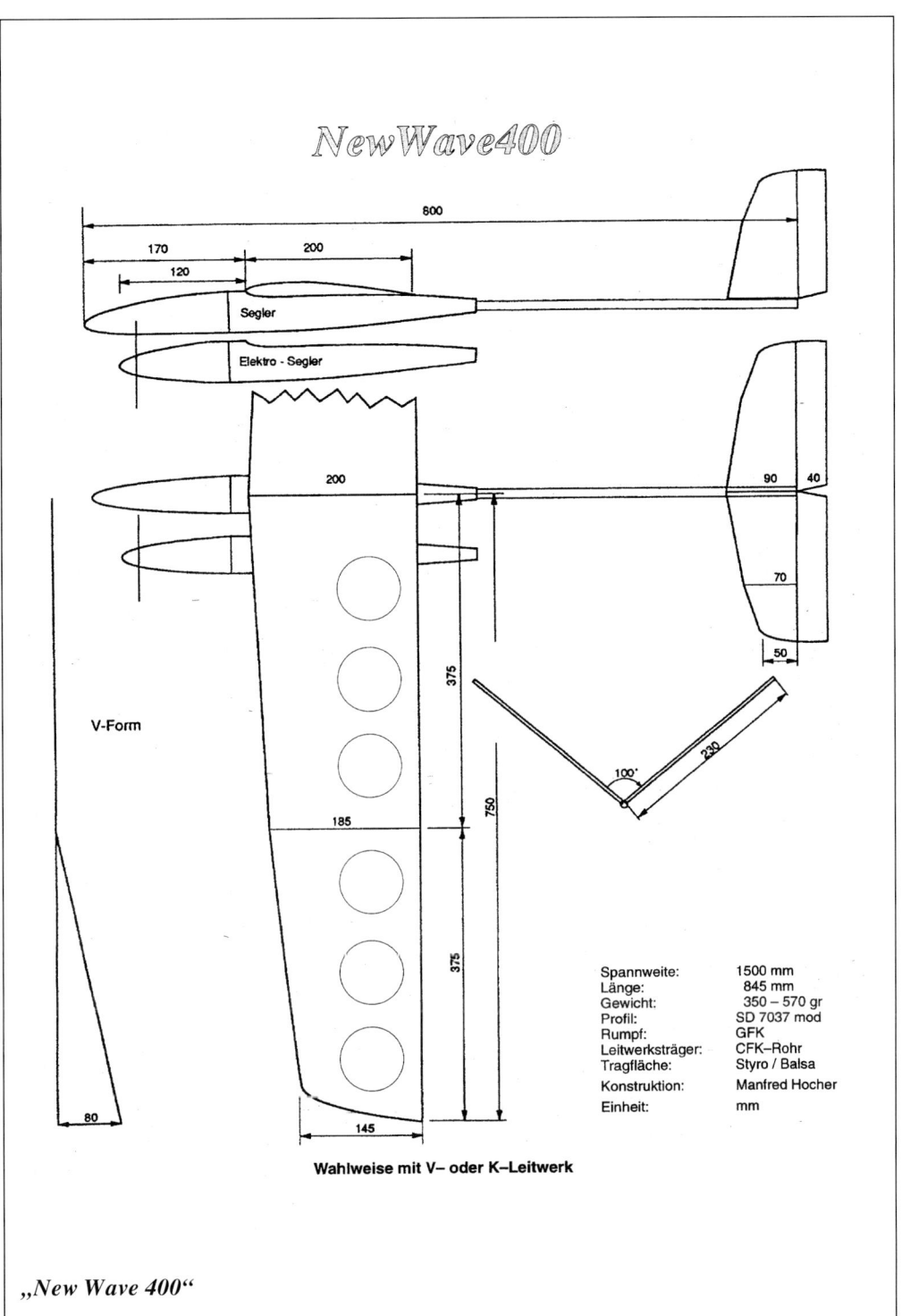

600

170
120
200

Segler

Elektro - Segler

V-Form

200

90   40

70

375

50

750

185

100°

230

375

80

145

Spannweite:	1500 mm
Länge:	845 mm
Gewicht:	350 – 570 gr
Profil:	SD 7037 mod
Rumpf:	GFK
Leitwerksträger:	CFK–Rohr
Tragfläche:	Styro / Balsa
Konstruktion:	Manfred Hocher
Einheit:	mm

Wahlweise mit V– oder K–Leitwerk

"New Wave 400"

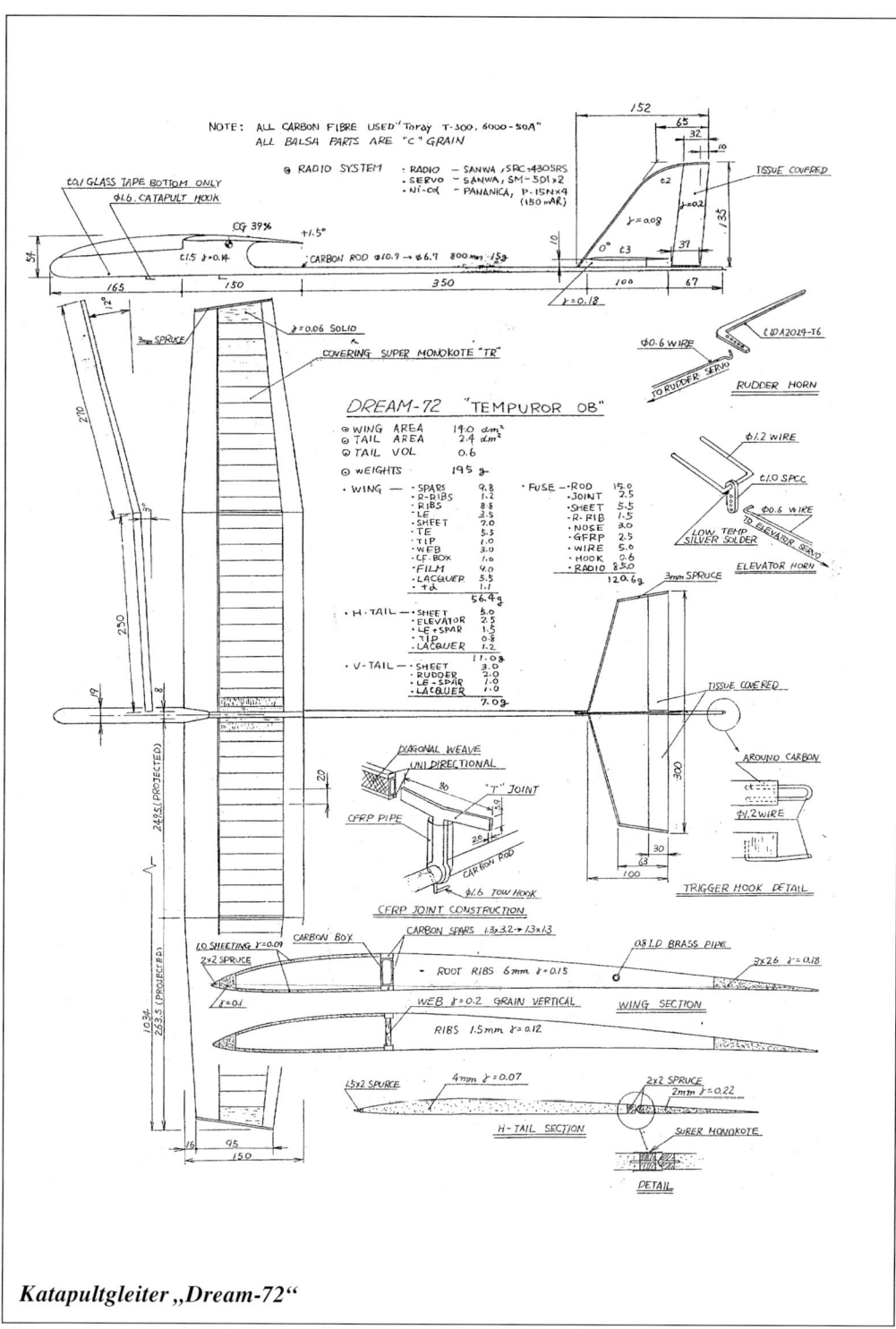

Katapultgleiter „Dream-72"

ter, weiter vorn liegender Haken ist für Gummi-Katapultstarts vorgesehen. Am Rumpfende befindet sich eine Drahtöse zum Arretieren des Modells bei Gummi-Katapultstarts.

Als Steuerung dient eine Sanwa-Mikroanlage. Der Flugakku besteht aus vier Zellen 150 mAh.

Technische Daten:

Spannweite	1.034 mm
Länge	832 mm
Profil Flügel	siehe Plan
Profil Höhenleitwerk	siehe Plan
Profiltiefe ($\sqrt{}$)	150 mm
Flugmasse	ca. 270 g
Besonderheiten	zentraler T-Träger, Carbon-Holme, Carbon-Box im Bereich der Flügelwurzel

„Pilum" von Gunter Sigmund

Der „Pilum" ist eines der erfolgreichsten Modelle in der Wettbewerbsszene. 1994 gewann er den FMT-Pokal in Homburg. Bei guten Würfen kommt er an die magische Marke von 1 Minute Flugzeit (ohne Aufwindeinfluß) heran.

Kennzeichnend sind der schlanke Flügel mit Vierfach-V-Form in Verbindung mit einem relativ langen Leitwerksträger. Der einteilige Flügel wiegt komplett bespannt nur 90 g und ist herkömmlich mit einer Balsa/Kiefer-D-Box aufgebaut. Das Profil ist eine Eigenentwicklung. Die Schwerpunktlage wird mit 38 % angegeben. Das Gesamtgewicht von 265 g wird durch sorgfältige Auswahl des Balsaholzes und durch Einsatz der kleinsten käuflichen RC-Komponenten erreicht (110-mAh-Akku). Die komplette RC-Anlage ist auf einem Brettchen montiert, das in dem abziehbaren Nasenkonus sitzt.

Technische Daten:

Spannweite	1.500 mm
Länge	945 mm
Profil Flügel	Eigenentwicklung
Profiltiefe ($\sqrt{}$)	160 mm
Flugmasse	265 g
Besonderheiten	hohe Flügelstreckung, Vierfach-V-Form

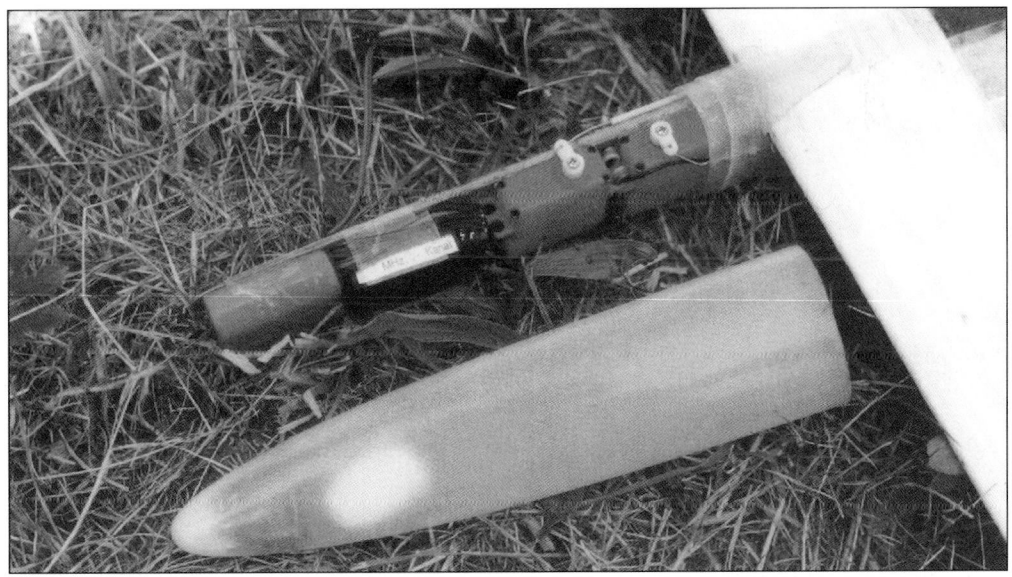

RC-Containment beim „Pilum"

PILUM

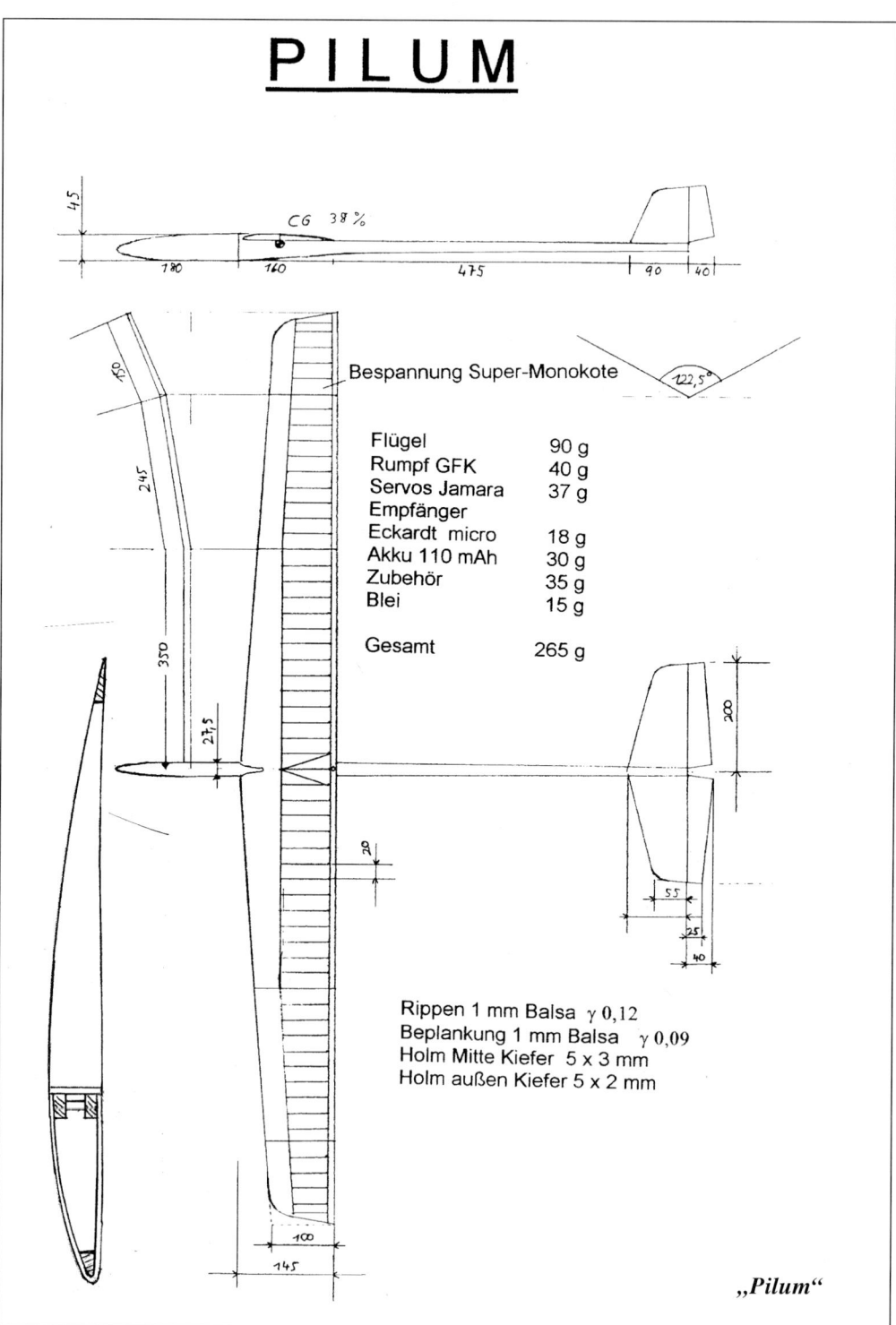

CG 38 %

Bespannung Super-Monokote

122,5°

Flügel	90 g
Rumpf GFK	40 g
Servos Jamara	37 g
Empfänger	
Eckardt micro	18 g
Akku 110 mAh	30 g
Zubehör	35 g
Blei	15 g
Gesamt	265 g

Rippen 1 mm Balsa γ 0,12
Beplankung 1 mm Balsa   γ 0,09
Holm Mitte Kiefer 5 x 3 mm
Holm außen Kiefer 5 x 2 mm

„Pilum"

Das imposante Flugbild des "Pilum"

„V-Star" von Graupner

Das Modell wird mit einem relativ hohen Vorfertigungsgrad geliefert: GFK-Rumpf, Flügel und Leitwerk sind im Rohbau fertig. Nach dem Zusammenleimen der Flügelteile kann das Bespannen beginnen.

Mit dem Profil RG 15 und einem relativ tiefen Flügel wird der neue Auslegungstrend ziemlich gut getroffen. Das Modell ist als Thermikschnüffler und am Hang gut geeignet. Bei entsprechender Gewichtslimitierung ist es auch bei HLG-Wettbewerben mit Erfolg einsetzbar. Nach dem „Benny" wird hier wieder ein sehr ausgereiftes und formschönes Modell angeboten, das seinen festen Platz in der HLG-Szene erobert hat.

Technische Daten:

Spannweite	1.460 mm
Länge	840 mm
Profil Flügel	RG 15
Profil Höhenleitwerk	ebene Platte
Profiltiefe ($\sqrt{}$)	180 mm
Flugmasse	ca. 350 g
Besonderheiten	hoher Vorfertigungs-grad

„Libelle Competition" von Höllein

Die „Libelle Competition" ist eine verkleinerte Version der bewährten „Libelle". Der CNC-gefräste Bausatz ist in allen Teilen paßgenau. Schleifarbeiten gehören weitgehend der Vergangenheit an.

Insbesondere ist auf die im Wettbewerbstrend liegende Fünffach-V-Form hinzuweisen (wenn man die hochgestellten Randbögen mitrechnet). Die wingletartigen, nach hinten gepfeilten Randbögen erscheinen aerodynamisch günstig. Der einteilige Flügel ist vorn mit einem Dübel und hinten mit einer Polyamidschraube am Rumpf befestigt. Elektroausrüstung ist möglich.

Eingeschränkt wird die Wettbewerbsfähigkeit durch ein relativ hohes Abfluggewicht von ca. 400 g. Durch Leichtbespannung, z.B. mit Oracover-light, zusätzliche Leitwerksausfräsungen und RC-Leichtkomponenten dürfte das Fluggewicht jedoch noch um mindestens 30 g zu senken sein. Die „Libelle Competition" kann als echtes Allroundmodell für den HLG-Einsteiger angesehen werden, mit dem sich spontan der Flugerfolg einstellt. Sie ist auch auf Wettbewerben mit Erfolg einsetzbar.

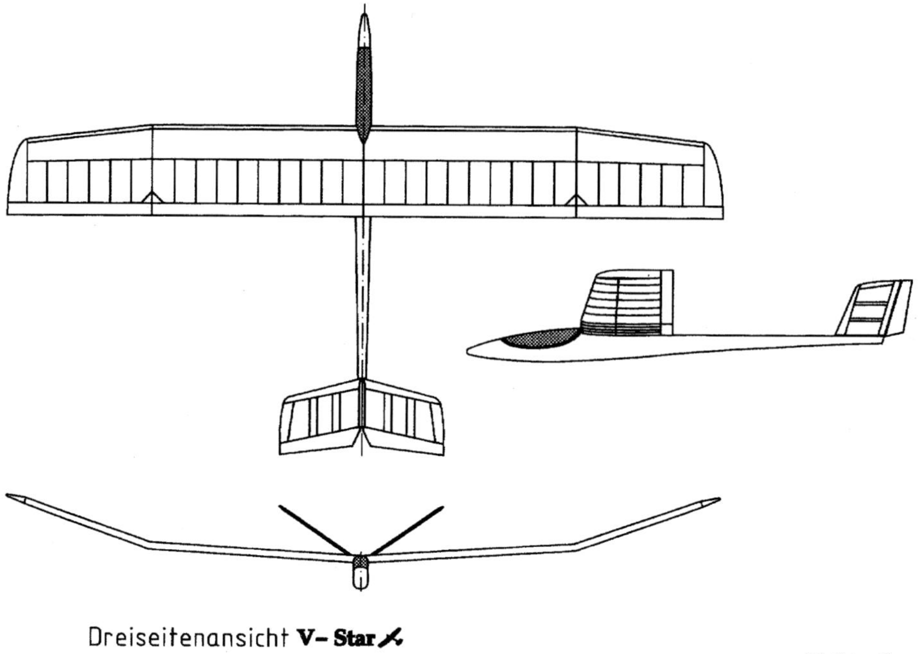

Dreiseitenansicht **V– Star**

„V-Star"

Gelungenes Design: „V-Star"

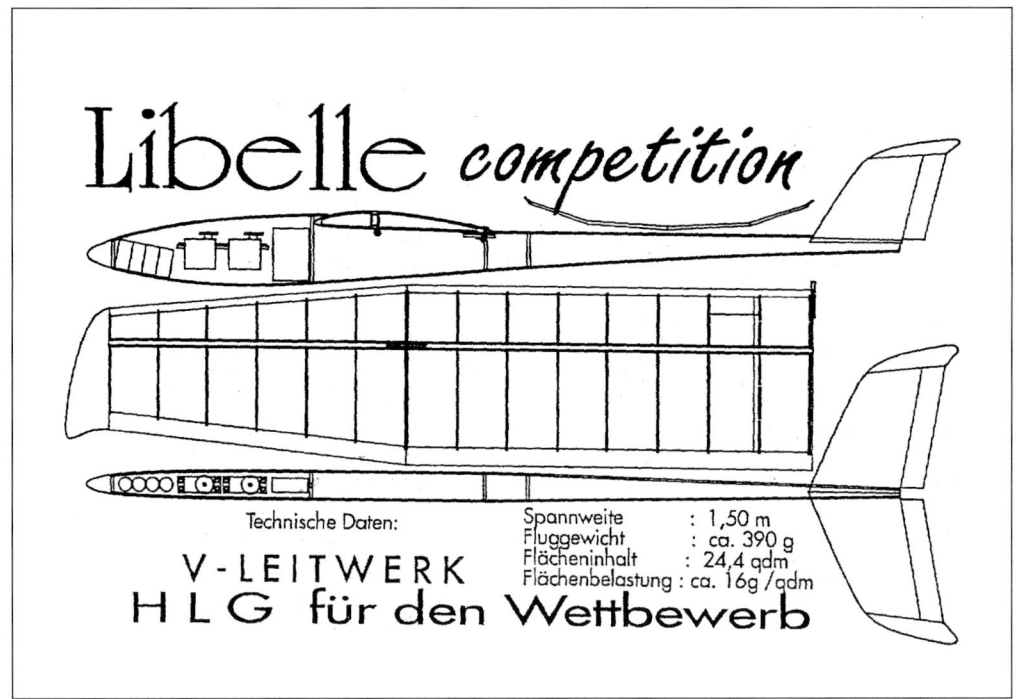

Libelle *competition*

Technische Daten:

Spannweite	:	1,50 m
Fluggewicht	:	ca. 390 g
Flächeninhalt	:	24,4 qdm
Flächenbelastung	:	ca. 16g/qdm

V-LEITWERK
HLG für den Wettbewerb

„Libelle Competition"

Die „Libelle Competition" wartet auf Thermik.

CNC-Frästeile-satz der „Libelle Competition"

Technische Daten:

Spannweite	1.500 mm
Länge	890 mm
Profil Flügel	E 193
Profil HLW/SLW	ebene Platte
Profiltiefe ($\sqrt{}$)	170 mm
Flugmasse	ab 390 g
Besonderheiten	CNC-gefräste Bauteile, aerodynamisch günstige Randbögen

„Orzelek" (Adlerchen) von Art Hobby s.c., Polen

Dieses aus Polen stammende HLG wird in sehr gediegener Ausführung fast fertig geliefert. Lediglich die Styro-Flächenteile sind noch

zu verkleben und das Leitwerk zu montieren.

Das Fluggewicht wird mit 360 g angegeben. Der GFK-Rumpf besitzt einen abziehbaren Konus. Als Flügelprofil wird das bewährte SD 7037 verwendet. Das relativ große Seitenleitwerk trägt zu einer guten Manövrierfähigkeit um die Hochachse bei. Dies ist beim taktischen Wettbewerbsfliegen (schnelles Einkreisen in die Thermik, Landemanöver) von Bedeutung.

Technische Daten:

Spannweite	1.480 mm
Länge	830 mm
Profil Flügel	SD 7037
Profil HLW/SLW	ebene Platte

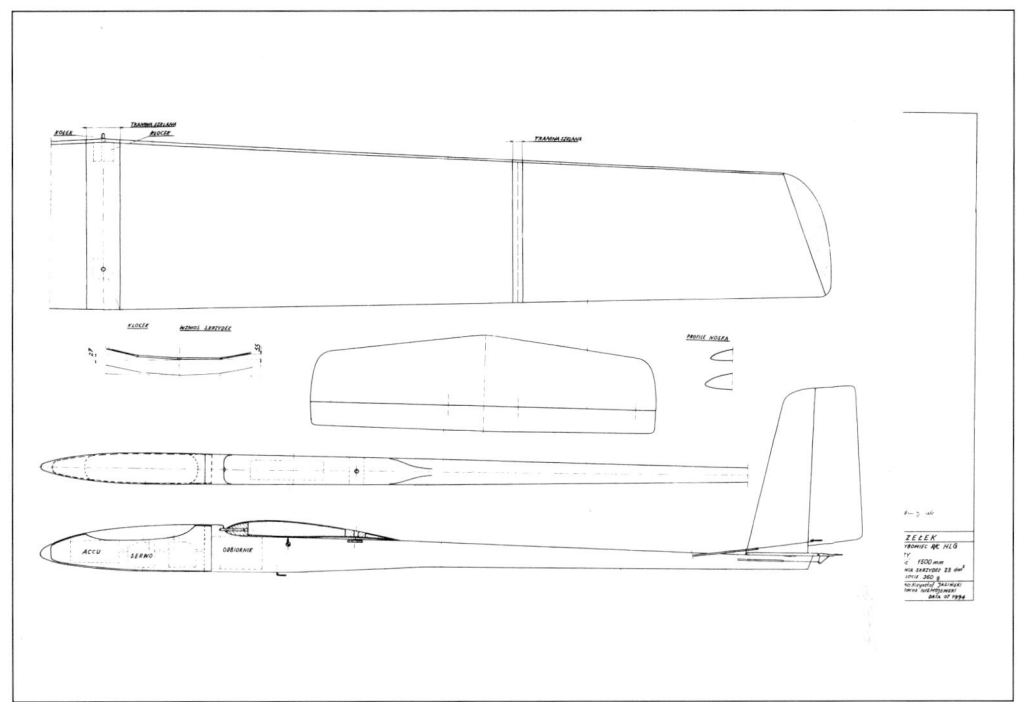

Bauplan des „Orzelek"

HLG „Orzelek" aus Polen

Profiltiefe (√)   175 mm
Flugmasse   360 g
Besonderheiten   Fast-Fertigmodell

„KIS" (Keep It Simple)
von Werner Stark, Linz

„KIS" wurde mit dem Ziel entwickelt, Jugendlichen einen sicheren und preisgünstigen Einstieg in das HLG-Fliegen zu vermitteln. Dabei wurden neuere Gesichtspunkte wie Mehrfach-V-Form, leichte Zerlegbarkeit und hohe Festigkeit berücksichtigt. Das hohe Engagement des Konstrukteurs für den HLG-Sport spiegelt sich in diesem verdienstvollen Projekt wider.

Das Modell besteht im wesentlichen aus Balsaholz und vermeidet teure Kunststoffkomponenten. Als Kleber wird ausschließlich Weißleim verwendet.

Das Rumpfvorderteil besteht aus einem Kiefersperrholzboot, wobei Länge und Breite je nach RC-Anlage variabel sind (spezielle Mi-

krokomponenten sind nicht unbedingt erforderlich). Für den Vollbalsaflügel nach dem Jedelsky-Prinzip stehen Profilbretter aus ausgesuchtem, leichtem Qartergrain-Holz zur Verfügung – eine Grundvoraussetzung für Flugleistung und Festigkeit. Auch nach größeren Beschädigungen ist der Flügel, meist noch auf dem Flugfeld, relativ leicht reparierbar.

Von den Flugeigenschaften her ist das Modell auch bei Wettbewerben ohne weiteres einzusetzen. Werner Stark bietet einen Bausatz mit Beschreibung und ausführlicher Bauanleitung zu äußerst günstigen Konditionen an. Sehr geeignet für Jugend-Baugruppen!

Technische Daten:

Spannweite	1.450 mm
Länge	860 mm
Profil Flügel	Jedelsky mod. (W. Stark)
Profil HLW/SLW	ebene Platte
Profiltiefe (√)	150 mm
Flugmasse	ca. 360–400 g

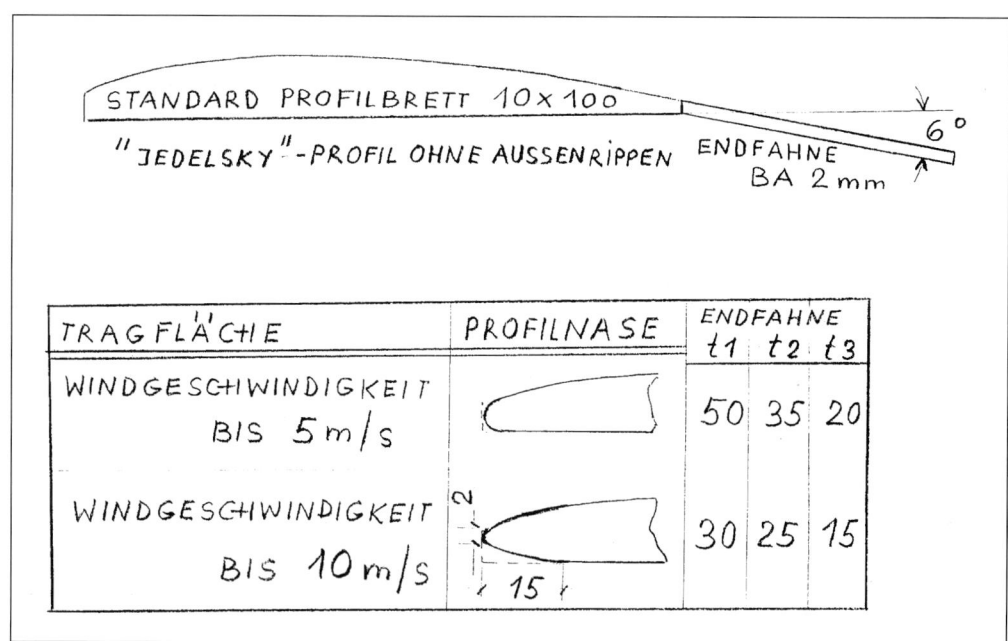

Jedelsky-Profilvarianten des „KIS"

Keep It Simple (KIS)

Vollbalsa-HLG entwickelt von Dipl. Ing. Werner Stark , Linz 07/95

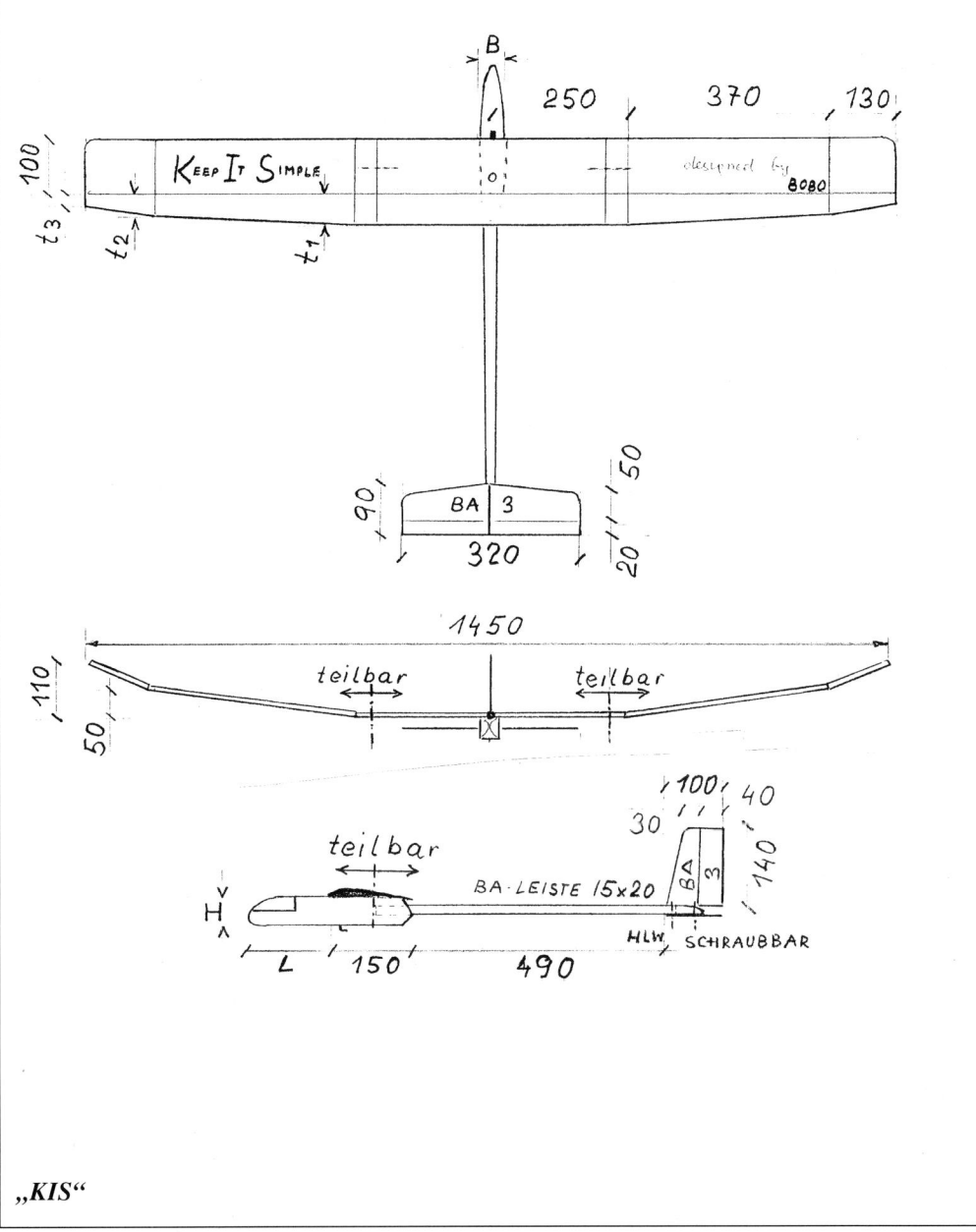

„KIS"

*Der Konstukteur
mit seinem
„KIS"*

| Besonderheiten | Jedelsky-Vollbalsa-Bauweise, Flügel, Rumpf, Leitwerk teilbar |

„Hattric" von W. Holzmann, Graz

Der „Hattric" stellt die verfeinerte Wettbewerbsversion des „KIS" dar und verwendet einen sehr leichten, schlanken GFK-Rumpf, für den RC-Mikrokomponenten erforderlich sind.

Das Modell besticht durch seine Einfachheit im Aufbau: Die Bauzeit für den Jedelsky-Flügel aus ausgewählt leichtem Holz ist sehr gering. Mit relativ wenig Zeitaufwand kann hier ein hochwertiges Wettbewertsgerät erstellt werden.

Die Jedelsky-Flächenbauweise läßt noch einige Freiheitsgrade für den experimentierfreudigen HLG-Fan zu: Veränderung der Flügeltiefe und der Flügelgeometrie, Veränderung des Ansatzwinkels der Endfahne und damit des Höchstauftriebs usw.

Das Modell wird demnächst in Kleinserie erhältlich sein.

Technische Daten:

Spannweite	1.460 mm
Länge	820 mm
Profil Flügel	Jedelsky mod.
Profil V-Leitwerk	ebene Platte
Profiltiefe ($\sqrt{}$)	150 mm
Flugmasse	ca. 320 g
Besonderheiten	Jedelsky-Vollbalsa-Bauweise

„Adventure" von Phoinix RC-Flugmodelle

Der „Adventure" ist ein HLG mit 1.380 mm Spannweite und ca. 440 g Abfluggewicht. Der GFK-Rumpf ist so ausgelegt, daß auch größere RC-Komponenten sowie eine Elektroantrieb Platz finden.

Der Tragflügel besteht wahlweise aus Styro/Balsa oder CNC-gefrästen Rippen/Kohleholm. Das Tragflügelprofil ist ähnlich dem SD 7037. Auffällig ist die geringe V-Form der Flügelaußenteile, was sich beim engen Kreisen eventuell negativ auswirken kann.

Wegen des relativ hohen Abfluggewichts dürfte der „Adventure" für windiges Wetter und Hangflug gut geeignet sein.

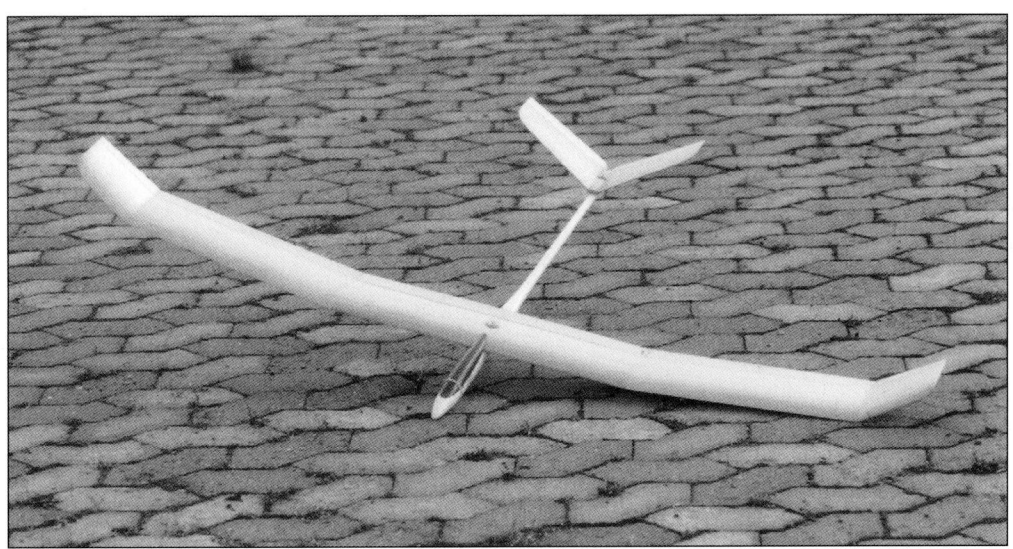

Die bestechend schlanke Form des „Hattric"

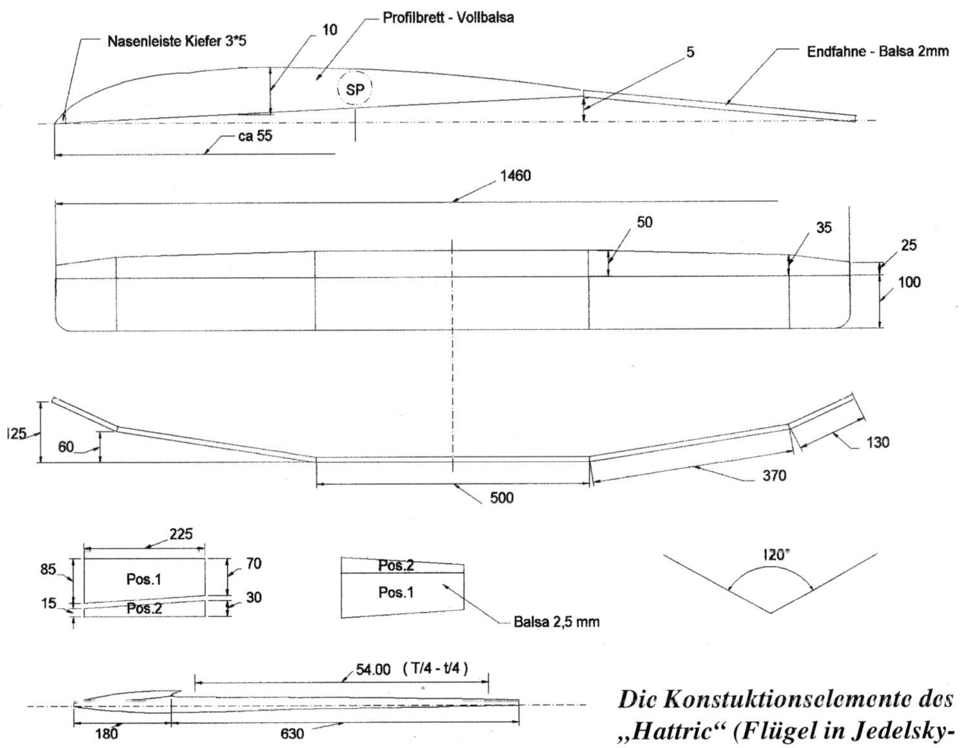

Nasenleiste Kiefer 3*5 Profilbrett - Vollbalsa

10

SP

5 Endfahne - Balsa 2mm

ca 55

1460

50

35

25

100

125 60

130

500 370

225

85 70

Pos.1

15 30

Pos.2

Pos.2

Pos.1

Balsa 2,5 mm

120°

54.00 (T/4 - t/4)

180 630

Die Konstuktionselemente des „Hattric" (Flügel in Jedelsky-Bauweise)

„Adventure"

Der „HLG #5" mit Konstrukteur W. Höbinger

Technische Daten:

Spannweite	1.380 mm
Profil Flügel	SD 7037 mod.
Profil HLW/SLW	ebene Platte
Flugmasse	ca. 440 g
Besonderheiten	zwei verschiedene Flügelbausätze (Balsa/Styro oder Rippen/CFK-Holm)

„HLG #5" von Wolfgang Höbinger

Der „HLG #5" ist wohl die bisher eigenwilligste und aufwendigste Konstruktion in der HLG-Szene. Die High-Tech-Freiflugbauweise in Verbindung mit einem sehr niedrigen Fluggewicht (Flächenbelastung 10,3 g/dm^2) und einer hohen Flügelstreckung unter Verwendung eines nur 4,7 % dicken Wakefield-Profiles ergeben ein in sich schlüssiges Gesamtkonzept. Die Auslegung dominiert vor allem bei ruhigem Wetter und konnte schon einige vordere Wettbewerbsplätze belegen. Das Penetrationsverhalten ist infolge des dünnen Profiles nicht zu unterschätzen. Auch die Wurfhöhe ist gegenüber Normalmodellen nicht wesentlich geringer.

Es ist schon imposant, wie dieser Gleiter völlig eigenstabil seine Kreise zieht und den geringsten Hauch an Thermik in Höhe umsetzt. Da kommen Erinnerungen an die gute alte A2-Freiflugzeit auf!

Der Flügel besitzt eine D-Box aus CF-Dural-Styro-Sandwich, was ihm trotz geringer Profildicke eine hohe Torsionssteifigkeit verleiht – und das bei einem Fertiggewicht von 80 g! Endleiste und Rippen-Caps bestehen aus unidirektionalem CFK. Das Pendel-Höhenleitwerk ist filigran aufgebaut und auf einer CFK-Auflage gelagert.

Technische Daten:

Spannweite	1.500 mm
Länge	860 mm
Profil Flügel	Wakefield 4,7 % Dicke, 3,8 % Wölbung
Profil HLW/SLW	ebene Platte
Profiltiefe ($\sqrt{}$)	133 mm
Flugmasse	245 g
Besonderheiten	Kohle/Dural-D-Box, CFK-Leitwerksbefestigung

„BAT-Thermik"

„BAT" ist ein Voll-GFK-HLG mit 1,35 m Spannweite, der auch in Querruderversion erhältlich ist. Das Leergewicht beträgt 270 g (Querruderversion 300 g).

Der Rumpf besitzt einen abziehbaren Nasenkonus. Der Flügel mit zweifarbigem Airbrush-Finish ist mit dem F3B-Profil RG 15 ausgestattet, das bekanntermaßen gute Schnellflug- und Penetrationseigenschaften besitzt.

Das Modell dürfte bei windigem Wetter sowie am Hang Vorteile besitzen, hinsichtlich Sinkgeschwindigkeit mit den guten Gleitern jedoch nicht mithalten können.

Technische Daten:

Spannweite	1.350 mm
Länge	900 mm
Profil Flügel	RG 15
Profil HLW/SLW	ebene Platte
Flugmasse	ca. 360 g
Besonderheiten	Voll-GFK, Rumpf mit Nasenkonus, Zweifarben-Finish

„Gringo" von air products

Das Modell besitzt eine Drehsteuerung der Flügel (Roto-Wing-Prinzip) und kann sowohl mit Quer/Höhenruder als auch zusätzlich mit Seitenruder geflogen werden. Die Flügeldrehung erfolgt um die Achse des CFK-Rohrholmes, der dem Flügel eine hohe Festigkeit verleiht. Interessant und praktisch zugleich ist die Unterbringung der Servos auf einem herausnehmbaren Schlitten. Der GFK-Rumpf ist so schlank wie möglich gehalten.

Die Modellauslegung mit Drehflügelsteue-

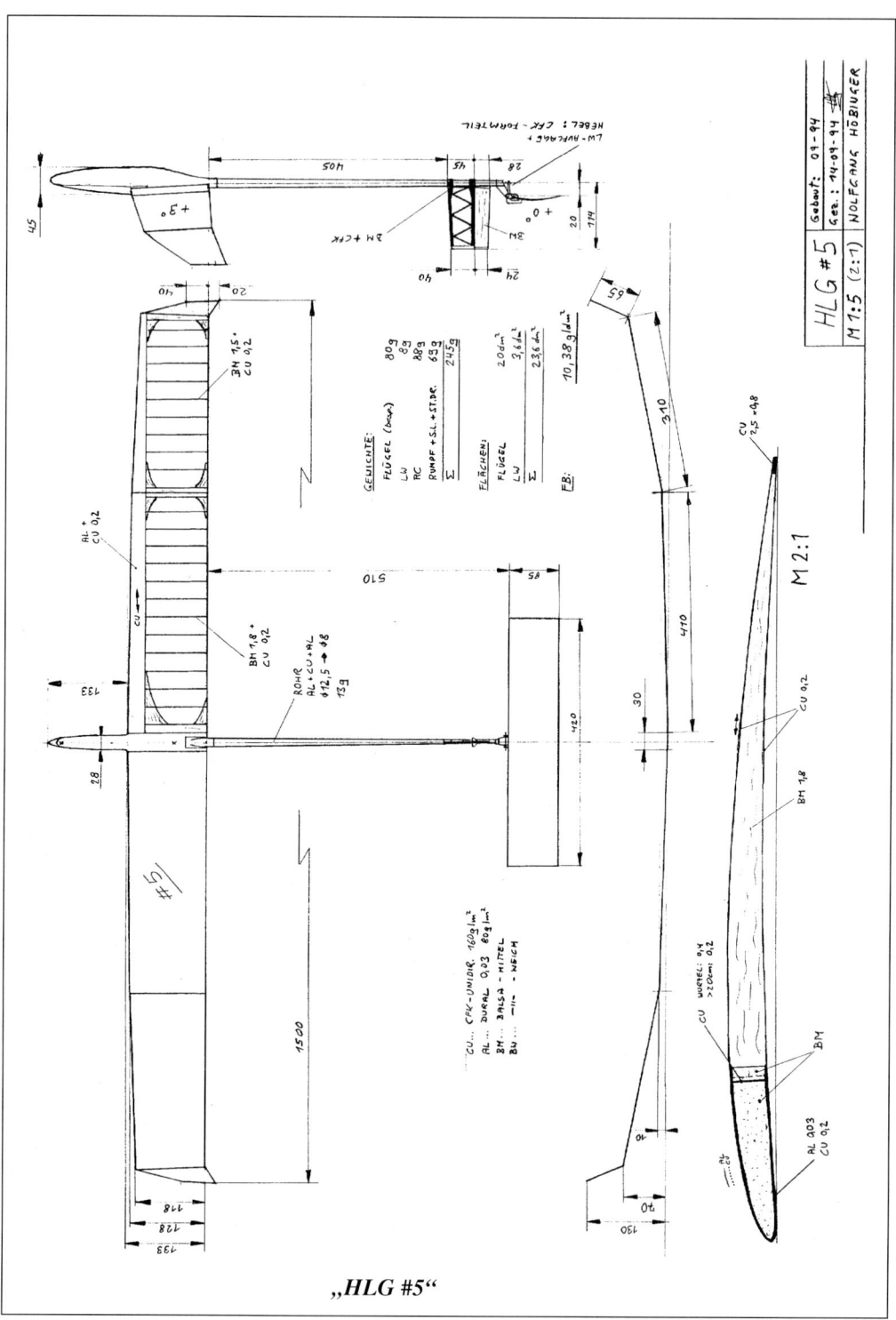

„HLG #5"

„BAT-Thermik"

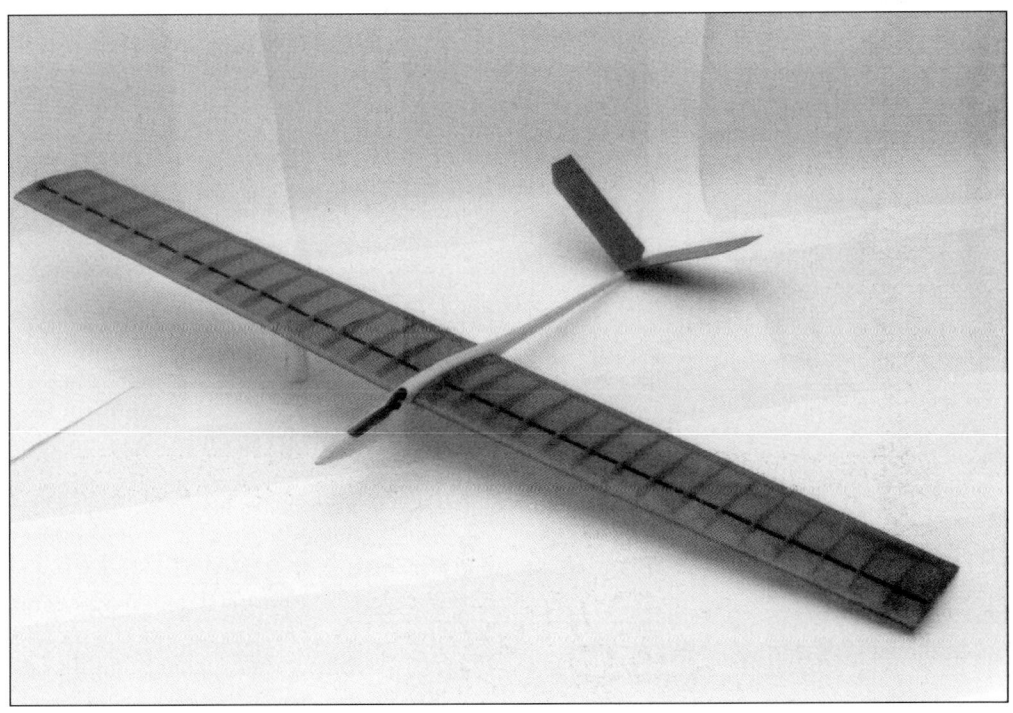

„Gringo"

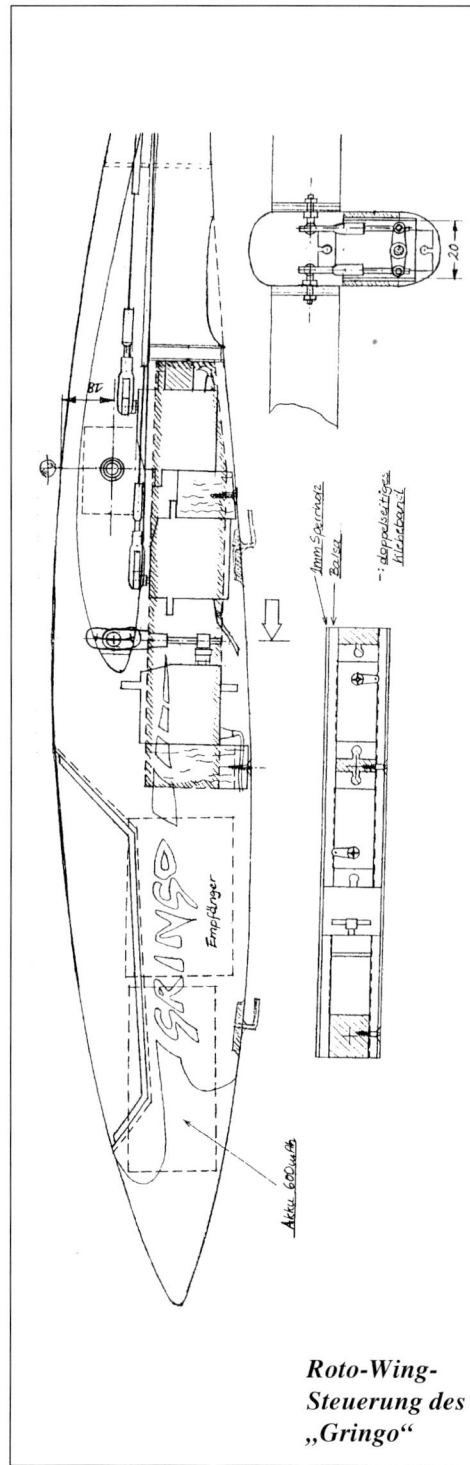

Roto-Wing-Steuerung des "Gringo"

rung sowie großer Flügeltiefe verspricht einerseits ein sehr gutmütiges Flugverhalten, andererseits eine hohe Wendigkeit um die Hochachse.

Beim Einfliegen in die Thermik oder am Hang kann praktisch auf der Stelle gedreht werden. Dies könnte auch bei HLG-Wettbewerben ein taktischer Vorteil sein.

Für den HLG-Freizeitpiloten steht hier ein interessantes Fun-Modell mit erstaunlichen Kunstflugeigenschaften zur Verfügung.

Technische Daten:

Spannweite	1.500 mm
Länge	915 mm
Profil Flügel	E 205
Profil HLW/SLW	ebene Platte
Profiltiefe ($\sqrt{}$)	210 mm
Flugmasse	ca. 400 g
Besonderheiten	Roto-Wing-Steuerung, dreiachs oder zweiachs, Servoschlitten

„Telum" von Gunter Sigmund

„Telum" ist das neueste Topmodell aus der Erfolgsküche von G. Sigmund und überlegener Sieger beim Deutschlandcup 1995 in Kulmbach. Das Modell hat überzeugende Allroundeigenschaften beim Gleiten und – infolge der steilen Flügeltips – auch beim engen Kreisen.

Der Tragflügel besitzt das Seligprofil S 4083, das sich immer mehr zum Erfolgsprofil für HLGs entwickelt und sehr gute Sink- und auch Streckenflugeigenschaften aufweist. Mit einer Kohle-D-Box auf Schaumstoffkern ausgestattet, ist der Flügel extrem biege- und torsionssteif.

Damit treten auch bei hohen Wurfbeschleunigungen keinerlei elastische Verformungen und Verluste auf. Die Flügel-Tips sind in Rohrholmbauweise mit einem 6-mm-Drachenrohr aufgebaut. Der Konstrukteur hat bei diesem Flügel seine frühere Entwicklungslinie der hohen Streckungen wieder verlassen und ist auf die „Normallinie" eingeschwenkt.

Telum

von Gunter Sigmund, Stuttgart
Sieger des Deutschland Cup, Kulmbach 1995

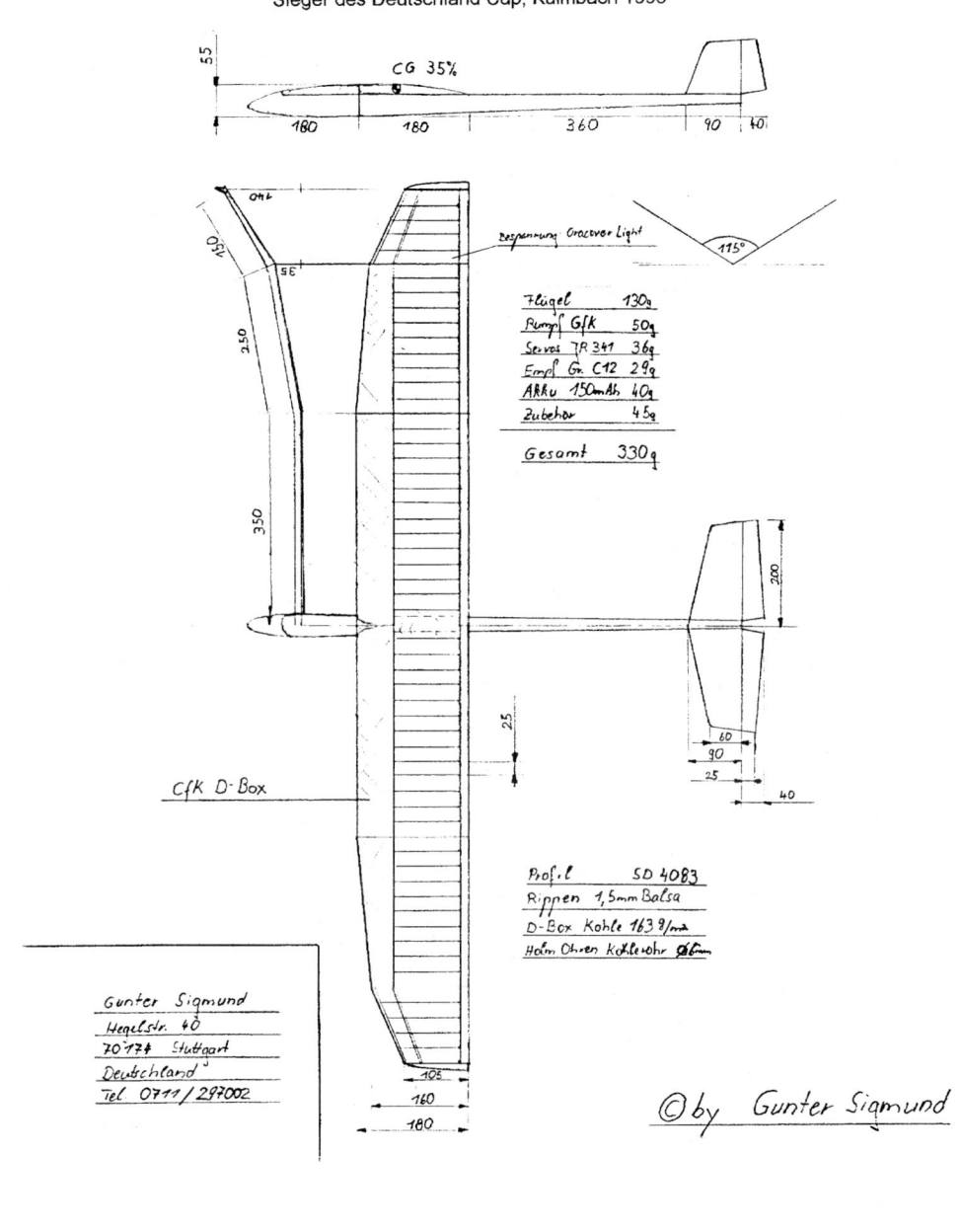

CG 35%

Bespannung Oracover Light

115°

Flügel		130g
Rumpf G/K		50g
Servos JR 341		36g
Empf Gr C12		29g
Akku 150mAh		40g
Zubehör		45g
Gesamt		330g

CfK D-Box

Profil   SD 4083
Rippen 1,5mm Balsa
D-Box Kohle 163 g/m²
Holm Ohren Kohlerohr ⌀6mm

Gunter Sigmund
Hegelstr. 40
70174 Stuttgart
Deutschland
Tel 0711 / 297002

© by Gunter Sigmund

Der „Telum" entspricht der neuen Modellinie (Mehrfach-V-Form mit Winglets, D-Box).

„Micado III": Querruder sind bei HLGs selten.

Technische Daten:

Spannweite	ca. 1.430 mm
Länge	850 mm
Profil Flügel	S 4083
Profil HLW/SLW	ebene Platte
Profiltiefe (√)	180 mm
Flugmasse	330 g
Besonderheiten	CFK-D-Box innen, 6-mm-Kohlerohr außen

„Micado III" von Michael Bene

Der „Micado III" stellt eine interessante Querrudervariante für HLGs dar. Er wird mit einem zentralen Querruderservo, das im Flügel integriert ist, sowie Höhenruder gesteuert. Die Anlenkung der Querruder erfolgt über 0,8-mm-Stahldrähte.

Der leicht gepfeilte Flügel ist mit 1,4×1,4-mm-Kohleholmen und einer 1-mm-Balsa-D-

Box aufgebaut. Das Balsa ist auf der Innenseite mit Glasgewebe 27 g/m² beschichtet. Als Profil wird ein modifiziertes SD 7037 verwendet. Der Rumpf mit minimaler Querschnittsfläche (24×44 mm) ist aus Balsa/Sperrholzsandwich mit Glasgewebeüberzug gefertigt. Interessant ist die Fingerauflage unmittelbar an der dort verstärkten Flügelhinterkante (Gabelgriff). Insgesamt ein technisch sehr anspruchsvolles Modell mit überzeugenden Flugeigenschaften.

Technische Daten:

Spannweite	1.500 mm
Länge	940 mm
Profil Flügel	SD 7037 mod. (8,2 % Dicke)
Profil HLW/SLW	ebene Platte
Profiltiefe (√)	185 mm
Flugmasse	360 g
Besonderheiten	Steuerung über Querruder/Höhe, Fingerauflage Flügelhinterkante

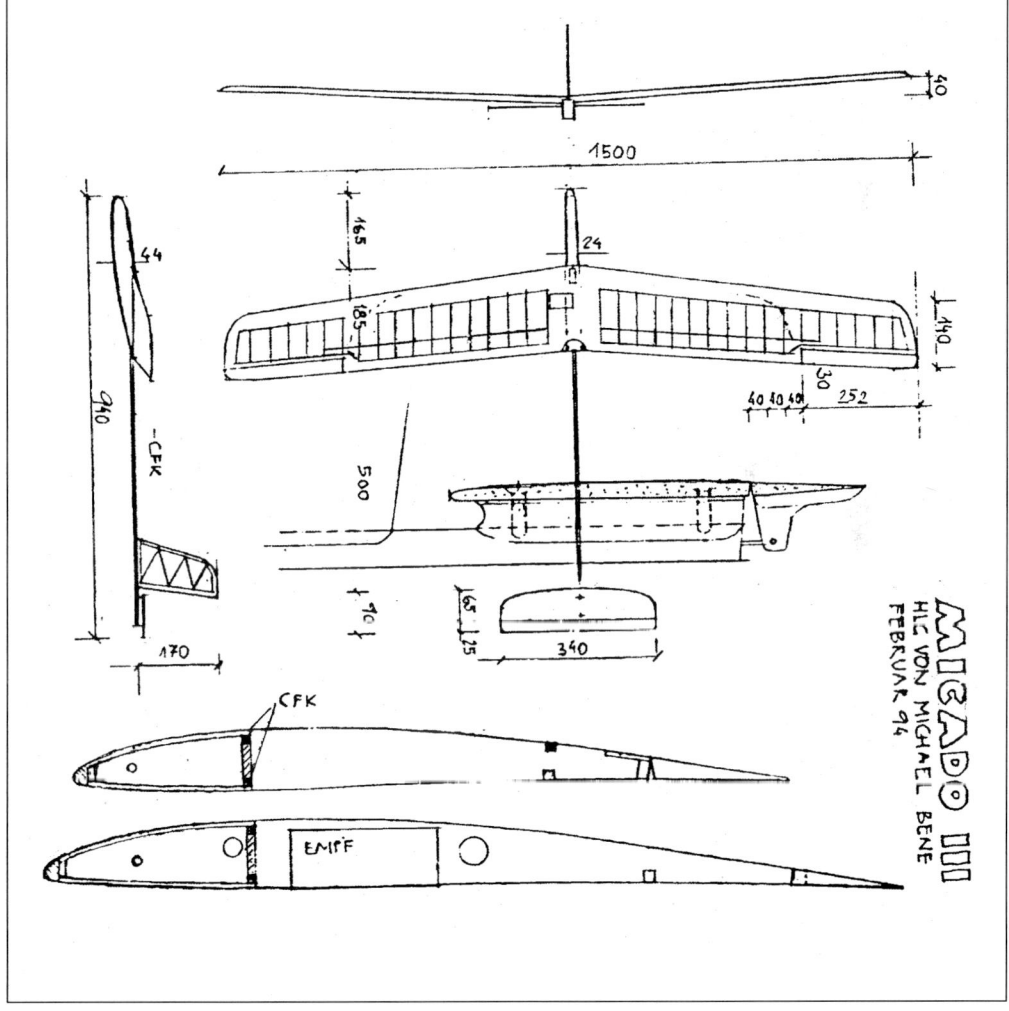

„*Micado III*"

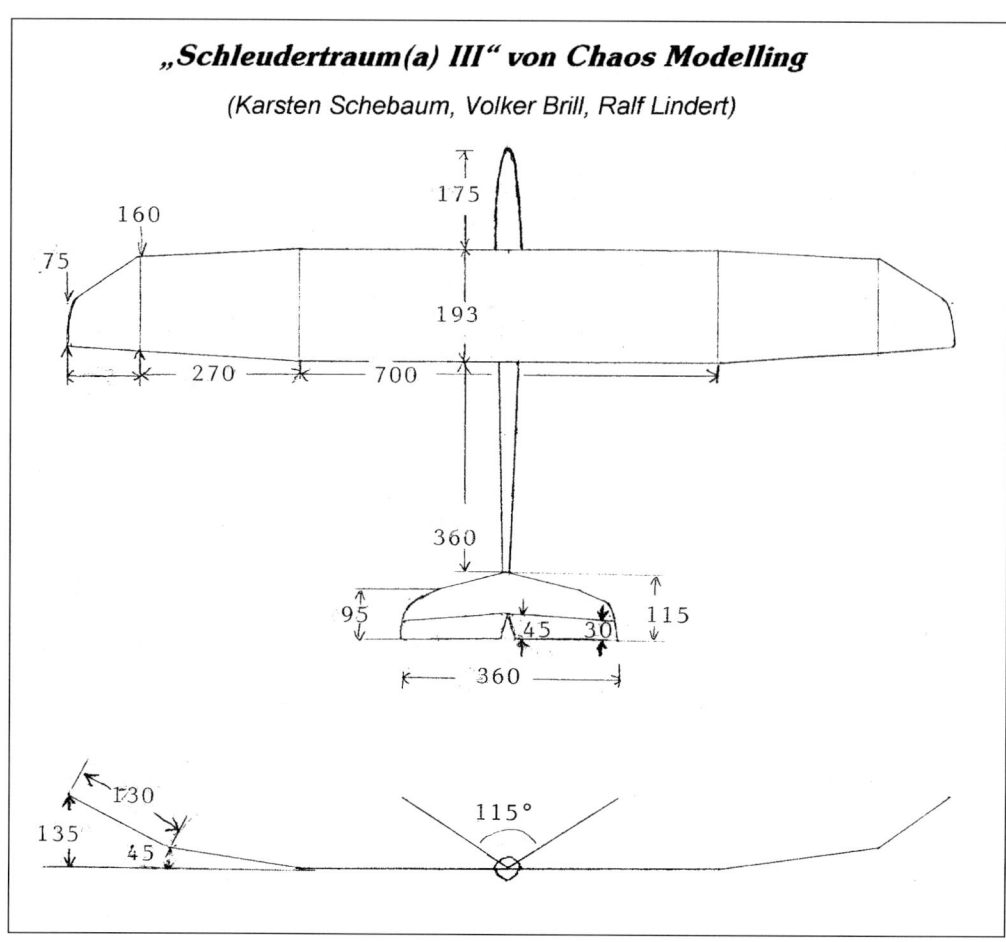

„Schleudertraum(a) III" von Chaos Modelling

(Karsten Schebaum, Volker Brill, Ralf Lindert)

„Schleudertraum(a) III", ist als „Fashion" bei Simprop im Programm

„Schleudertraum(a) III"
von Karsten Schebaum, Volker Brill und
Ralf Lindert

Das Modell mit dem originellsten Namen (Sonderpreis, überreicht vom Autor) und Siegermodell des Aufwind-Cups 1995 in Hannover-Brelingen. Der Flügel mit Vierfach-V-Form ist in GFK-Positivbauweise (siehe Abschnitt „Tragflügelbauweisen") aufgebaut. Interessant ist der relativ kurze Leitwerksträger – zusammen mit der großen Flügeltiefe, dem Profil S 4083 und dem fünfteilig aufgebauten Flügel offenbar notwendige Eigenschaften, um in der Thermik extrem eng und flach kreisen zu kön-

nen: Spitzname „Tellermodell". Es gibt kaum ein Modell, das dem „Schleudertraum(a)" in dieser Beziehung gleichwertig ist.

„Schleudertraum(a) III" ist ein handliches, festes und sehr wendiges Modell mit hervorragenden Flugeigenschaften! Ein interssantes Feature sind die dekorativen Seidenmal-Motive, die in die GFK-Haut als äußerste Schicht mit eingearbeitet werden.

Als Rumpf wird der GFK-Rumpf des „Hawk" von Dirk Ditterdorf verwendet. Das Fingerloch befindet sich kurz vor der Endleiste, womit sich gute Wurfhöhen erreichen lassen.

„Schleuderträume" mit einlaminierter Seidenmalerei

RC-Anlage: Simprop Nanoempfänger, zwei Servos Graupner 341, Akku 75 oder 150 mAh, je nach Leitwerksgewicht.

Technische Daten:

Spannweite	1.440/1.500 mm
Länge	843 mm
Profil Flügel	S 4083
Profil HLW/SLW	ebene Platte
Profiltiefe ($\sqrt{}$)	193 mm
Flugmasse	340–380 g
Besonderheiten	Flügel in GFK-Positiv-bauweise mit Seiden-malerei

„Suppenkasper" von Stefan Dolch

„Suppenkasper" ist ein Modell, das neue Dimensionen hinsichtlich Widerstandsminimierung, Gewicht und Zerlegbarkeit erschließt. Der ganze Vogel verschwindet samt Elektrozusatz in einer Flachbox mit ca. 70 cm Länge.

Das Baugewicht von 208 g (Seglerversion) bzw. 405 g (Elektroversion) wird durch konsequente CFK-Rohrbauweise für Rumpf, Flügel- und Leitwerksholme erreicht. Alle Rohre sind selbst hergestellt, wobei die Herstellungsmethode demnächst in einem FMT-Fachbuch veröffentlicht wird. Der CFK-Rohrholm für den Flügel hat einen Durchmesser von 10 mm und ein Gewicht von 20 g. Bei stärkerem Wind wird eine Stahlstange mit ca. 100 g Masse in das Rohr hineingeschoben und seitlich mit Balsaholz-Ausgleichsstücken gegen Verrutschen gesichert.

Das vordere Rumpfrohr mit 11 mm Durchmesser enthält die 150-mAh-Ni-Zellen. Der Leitwerks-CFK-Rohrholm wiegt nur 4 g! Dieser dient gleichzeitig als Drehpunkt für das Pendel-V-Leitwerk.

Die RC-Anlage (12-g-Jamara-Servos, C-19-Empfänger ohne Gehäuse) sitzt im Flügelmittelteil, in dem auch die Antenne integriert ist.

„Suppenkasper" – der Flieger, der aus der Zigarrenkiste kam.

**Der „Suppen-
kasper" nach
seiner Abmage-
rungskur**

Fütterung des „Suppenkasper" mit „Ballaststoffen" (Stahlstange)

Für die Elektroversion wird das Rumpf-vorderteil gegen ein dickeres Rohr ausgetauscht, das den „Bienchen"-Antrieb" von M. Groß mit sechs Zellen N-500 AR sowie den Drehzahles-teller Schulze „d 21-12 bes" enthält. Der Mos-quito-Prop (385×400) von Schöberl wird über ein 14:1-Faulhaber-Getriebe angetrieben.

Beim HLG-Einsatz ist für das Wurf-Hand-ling eine Flosse auf der Rumpfunterseite vor-gesehen, die als Fingerauflage dient. Der Au-tor konnte sich selbst von den guten Steighö-hen beim Werfen dieses „Zahnstocher-Fliegers" überzeugen.

Technische Daten:

Spannweite	1.470 mm
Länge	940 mm
Profil Flügel	MH 32
Profil V-Leitwerk	symmetrisch 7 %
Profiltiefe ($\sqrt{}$)	167 mm
Flugmasse	208 g
Besonderheiten	RC-Einbau im Flügel, CFK-Rohrholme, volle Zerlegbarkeit

Suppenkasper
von Stefan Dolch   6/95

Flügelprofil: MH 32
Leitwerksprofil: sym. 7 %
EWD: 1,5 °
Gewicht: 208 g (Segler), 405 g (Elektro)

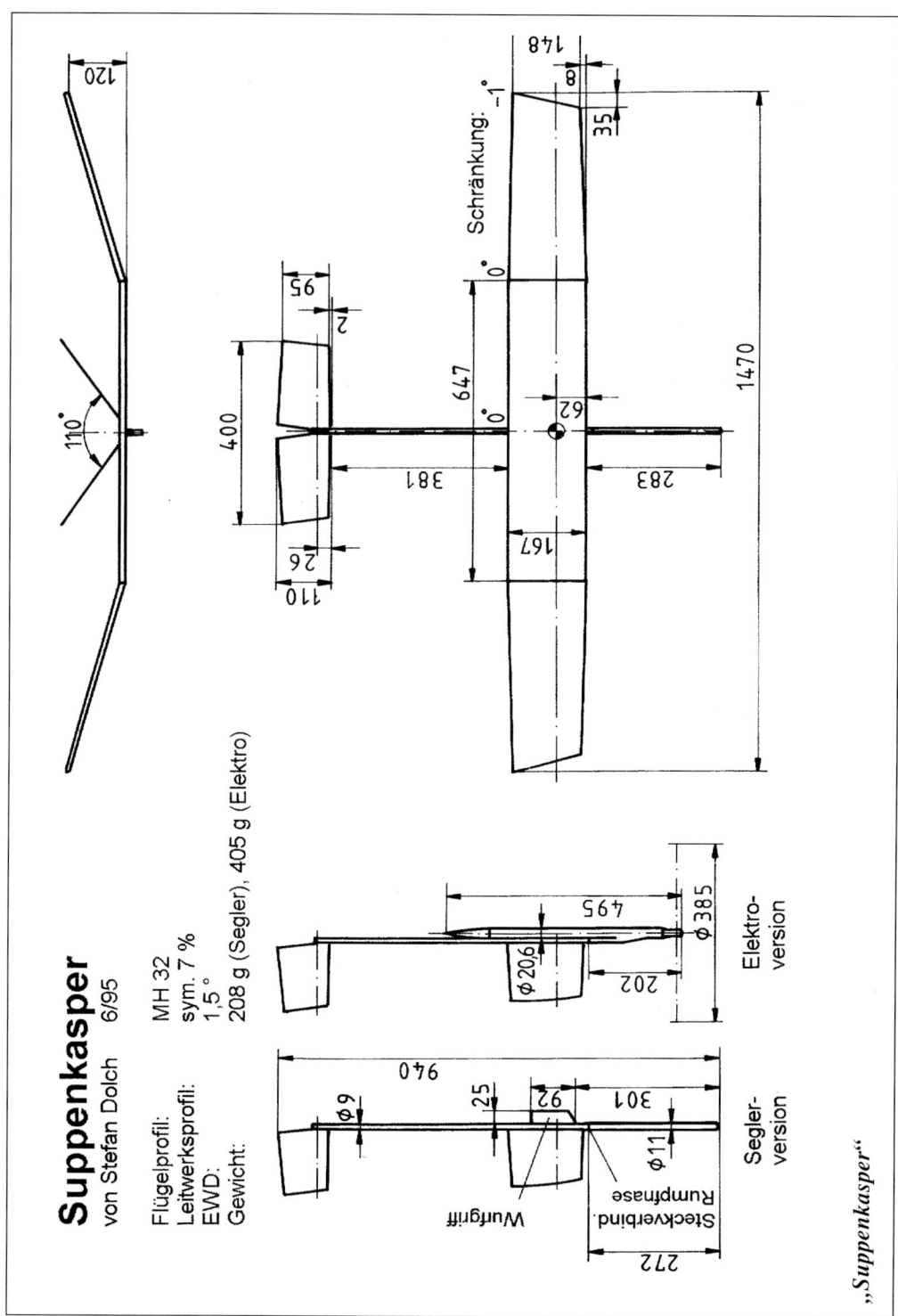

„Suppenkasper"

114

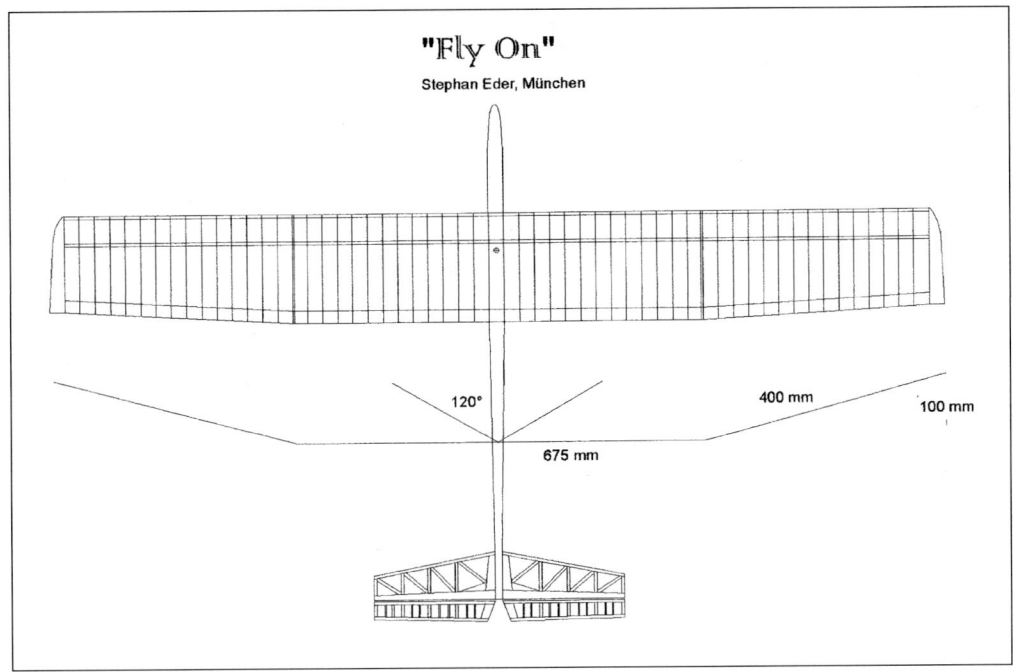

"Fly On"

Stephan Eder, München

120°   400 mm   100 mm

675 mm

„Fly On"

„Fly On" von Stephan Eder, München

Das Modell hat eine Reihe von interessanten technischen Finessen, wie z.B. volle Zerlegbarkeit (Flügelohren und V-Leitwerk mit Alu-Stricknadeln steckbar), spezielle nach unten gezogene Randbogen, drehbar gelagerte Fingerauflage.

Stephan „schwört" auf die nach unten gezogenen Randbögen und glaubt, daß sie das Auffinden und Einkreisen in die Thermik unterstützen. Der Flügel ist in Ultraleicht-Rohrholmbauweise aufgebaut, dabei aber relativ fest. Bespannung mit Oracover-light. Die Randbögen sind aus Rohacell 51 mit CF-Verstärkungen gefertigt.

Interessant ist die Fingerauflage, die aus einem Alurohr mit 5 mm Durchmesser besteht, das in einer Hülse drehbar im Rumpf gelagert ist. Damit ergibt sich ein optimales Abrollen der Finger beim Abwurf. Der GFK-Rumpf wiegt nur 40 g und stammt vom „Hattric".

Technische Daten:

Spannweite	1.430 mm
Länge	850 mm
Profil Flügel	B 8353 b/2 mod.
Profil V-Leitwerk	ebene Platte
Profiltiefe ($\sqrt{}$)	180 mm
Flugmasse	320 g
Besonderheiten	CFK-Rohrholme, volle Zerlegbarkeit, Spezialrandbogen, drehbar gelagerte Fingerauflage

Randbogen des
„Fly On"

„Fly On" –
transparente
Ästhetik am
Himmel

Anhang

Baupläne

„Alita" (Nurflügel)   Best.-Nr. MT 1010, Verlag für Technik und Handwerk, Postfach 22 74, D-76492 Baden-Baden

„Chuco"   Best.-Nr. MT 1074, Verlag für Technik und Handwerk, Postfach 22 74, D-76492 Baden-Baden

„Flinger"   Redaktion „Aufwind", Horst Kropka, Ottacker 25, 87477 Sulzberg

„Kolibri"   Neckar-Verlag, Klosterring 1, D-78050 Villingen-Schwenningen

„Krill" Best.-Nr. MT F 0162, Verlag für Technik und Handwerk, Postfach 22 74, D-76492 Baden-Baden

„Mini Wippet"   Best.-Nr. MT G 0805, Verlag für Technik und Handwerk, Postfach 22 74, D-76492 Baden-Baden

„Sunny"   Best.-Nr. MT 1009, Verlag für Technik und Handwerk, Postfach 22 74, D-76492 Baden-Baden

„Tricep"   Best.Nr. MT 1062, Verlag für Technik und Handwerk, Postfach 22 74, D-76492 Baden-Baden

Bezugsquellen

Art Hobby s.c., ul. Folwarczna 3, PL-03-754 Warszawa, Polen („Orzelek")

Carbon-Vertrieb A. Weißgerber, Hauptstraße 11, D-86757 Wallerstein, Tel. (09081) 75 55 (Carbon-Prepregs, Carbonrohre und -holme, z.B. 1,4×1,4 mm, CF-Schläuche in verschiednen Größen usw.)

Competition Team, Bäckergründlein 17, D-91522 Ansbach, Tel. u. Fax (09825) 16 33 („Gypsy 5 und 6")

Conrad Electronic, Klaus-Conrad-Straße 1, D-92240 Hirschau, Tel. (0180) 5 31 21 11 (Leiterplatten-Klebebänder, Elektronikteile aller Art)

Eckardt-Elektronik, Hofmühlstraße 12, D-83071 Stephanskirchen, Tel. (08031) 75 75 (Nanoempfänger, Cannon-Servo, Bekker S 100-Servo)

EMC-Vega, Dipl.-Ing. Heinz-Bernd Einck, Rügenstraße 74, D-45665 Recklinghausen, Tel. (02361) 49 10 76 (High-Tech-Bauteile, Carbonrohre, Kohle-, Aramidgewebe, CF-Schläuche usw.)

Hobby Lill (Herr Tasler), Promenadenstraße 7, D-87435 Kempten, Tel. (0831) 2 67 26 (Bausatz- und Fertigmodell „Softy plus", einschließlich Elektroversion)

Rainer Holzmann, Körösisstraße 172, A-8010 Graz, Tel. (0043-316) 68 10 30 („Hattric")

Ivan Horejsi, HI-Models, Nad Prehradou 15, CFR-32102 Plzen (Carbon-Holme und -Endleisten, Carbon-Caps als Rippenaufleimer, konische Rohre für Leitwerksträger)

Hans Karnitschnik, Heimgartenstraße 19, D-85716 Unterschleißheim, Tel. (089) 3 21 17 74 (Rumpf „Äktsch'n feif")

Jörg Küpper, Pommernstraße 10, D-86916 Kaufering, Tel. (08191) 6 66 58 („New Wave Pro", „Äktsch'n feif" – Rohbau-Fertigmodelle, Fertigflächen usw.)

Modellbau Gross, Walkemühlenweg 29, D-37083 Göttingen („Micafilm" ca. 25 und 40 g/m², Antrieb „Bienchen")

Modellflugbedarf Höllein, Dr.-H.-Berger-Strasse 26, D-96450 Coburg, Tel. (09561) 1 84 49 („Libelle Competition")

Phoinix RC-Flugmodelle, Am See 3, D-24113 Kiel, Tel. (0431) 65 06 38 („Adventure")

Gerhard Pollack, Nürnberger Straße 51, D-91522 Ansbach, Tel. (0981) 1 42 24 oder 1 38 05 („BAT-Thermik")

Peter Schönmann, Am Weinberg 18, A-2801 Katzelsdorf, Tel. (0043-2622) 7 89 01 („HLG-Maus")

Sport und Technik-Vertrieb Reisenauer, Bahnhofstraße 1, D-85764 Oberschleißheim, Tel. (089) 3 15 40 10 (Mikromotore, Getriebe, Schöberl-Luftschrauben, S 100-Servos)

Werner Stark, Glockenheide 8, A-4030 Linz, Tel. (0043-732) 38 56 91 („KIS")

Bespannmaterial „Oracover-light": Modellbau-Fachhandel

Literatur

D. Althaus: Profilpolaren für den Modellflug. Band 1 und 2. Villingen-Schwenningen: Neckar-Verlag.

H. Eder: Freiflug-Modellsport. MTB 16. Baden-Baden: Verlag für Technik und Handwerk, 1986.

H. Eder: Ultraleichte RC-Segler. In: RC-Segelflug, FMT-Spezial 1987. Baden-Baden: Verlag für Technik und Handwerk.

H. Gremmer: Vom Balsa-Gleiter zum Hochleistungssegler. Baden-Baden: Verlag für Technik und Handwerk, 1979 (nicht mehr lieferbar).

M. Lisken/U. Gerber: Das Thermikbuch für Modellflieger. Baden-Baden: Verlag für Technik und Handwerk, 1992.

M.S. Selig/J.F. Donovan/D.B. Fraser: Airfoils At Low Speeds. Virginia Beach, USA: H.A. Stokeley Publisher, 1989. Bezug: Verlag für Technik und Handwerk, Baden-Baden.

Weitere Bücher zum Thema . . .

Best.-Nr.: FB 2044 DM 42,–

Best.-Nr.: FB 2064 DM 34,–

Best.-Nr.: FB 2067 DM 24,–

Best.-Nr.: FB 2054 DM 24,–

Best.-Nr.: FB 2049 DM 24,–

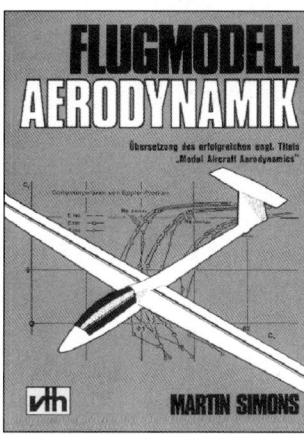

Best.-Nr.: FB 2012 DM 32,–

Bestellen bei vth: Per Rechnung oder per Nachnahme (Zusatzkosten DM 8,–)
Telefon 0 72 21 / 50 87 22 · Fax 0 72 21 / 50 87 33
✉ Verlag für Technik und Handwerk · 76526 Baden-Baden

Fordern Sie unseren Gesamt-Prospekt an.

**IHR PARTNER FÜR MODELLBAU-FACHLITERATUR
VERLAG FÜR TECHNIK UND HANDWERK GMBH**

Die

6

Fach-
zeitschriften
für den
Modellbau ...

... natürlich
vom

Die **"FMT"** ist
die Nr. 1 unter den
Fachzeitschriften
zum Thema
Flugmodellbau;
mit Bauplanbeilage.

**12 Ausgaben
pro Jahr
Einzelheft DM 8,–
Abonnement
Inland DM 96,–
(Ausland
DM 104,40)**

"SCALE" be-
richtet sechsmal
im Jahr über den
Nachbau von
Originalflugzeugen
als ferngesteuer-
tes Modell.

**6 Ausgaben
pro Jahr
Einzelheft DM 9,–
Abonnement
Inland DM 54,–
(Ausland
DM 60,–)**

Die **"amt"** be-
richtet monatlich
über RC-Cars,
Buggys und Off-
Road-Fahrzeuge;
Tests, Technik und
Rennen.

**12 Ausgaben
pro Jahr
Einzelheft DM 6,–
Abonnement
Inland DM 72,–
(Ausland
DM 82,20)**